Manuel de mathématiques

méthode de Singapour

Cahier d'exercices B

Traduction et adaptation : Thierry Paillard.
Illustrations : Philippe Gady. - Maquette : Studioprint.

© La Librairie des Écoles, 2007.
26, rue Vercingétorix
75014 Paris
ISBN : 978-2-916788-05-0

Cette édition française est adaptée des volumes 1B Part 1 & Part 2 de la collection Primary Mathematics conçue par le ministère de l'Éducation de Singapour. Néanmoins, afin d'adapter la méthode au public français, La Librairie des Écoles a conçu de nouveaux contenus, de nouvelles maquettes, de nouvelles illustrations qui sont sa propriété. Ces nouveaux contenus ne sont donc pas imputables au Ministère de l'Éducation de Singapour. Nous voulons exprimer notre reconnaissance envers l'équipe projet qui a développé le manuel original :

Directeur de projet : Dr Kho Tek Hong
Membres de l'équipe : Chee Kum Hoong, Hector
Liang Hin Hoon
Lim Eng Tann
Lim Hui Cheng, Rosalind
Ng Hwee Wan
Ng Siew Lee

Édition originale publiée sous le titre : Primary Mathematics Workbook 1B Part 1 & Part 2 Third edition.
© 1997 - Curriculum planning & Development division. Ministry of Education, Singapour.
Publié par Marshall Cavendish International (Singapour) Pte Ltd.
Pour l'édition française :
© 2007 - La Librairie des Ecoles.
Réimpression : 2014.

Achevé d'imprimer par sepec octobre 2014
Dépôt légal : 2007
Numéro d'éditeur : 2014_0979
Numéro d'impression : 10103140915
Imprimé en France

IMPRIM'VERT®

PEFC 10-31-1470 / Certifié PEFC / Ce produit est issu de forêts gérées durablement et de sources contrôlées. / pefc-france.org

Table des matières

Chapitre 10 - La comparaison de nombres
    Exercice 1   5
    Exercice 2   6
    Exercice 3   8
    Exercice 4   10
    Exercice 5   12
    Exercice 6   14

Chapitre 11 - Les tableaux
    Exercice 7   16
    Exercice 8   19
    Exercice 9   21

Chapitre 12 - Les nombres jusqu'à 40
    Exercice 10   23
    Exercice 11   24
    Exercice 12   26
    Exercice 13   27
    Exercice 14   29
    Exercice 15   31
    Exercice 16   32
    Exercice 17   34
    Exercice 18   37
    Exercice 19   39
    Exercice 20   41
    Exercice 21   43
    Exercice 22   45
    Exercice 23   47
    Exercice 24   48
    Exercice 25   50
    Exercice 26   51
    Exercice 27   53
    Exercice 28   55
    Exercice 29   57

RÉVISION 1   58

Chapitre 13 - La multiplication
    Exercice 30   62
    Exercice 31   64
    Exercice 32   66
    Exercice 33   68
    Exercice 34   70
    Exercice 35   71
    Exercice 36   74

RÉVISION 2   77
RÉVISION 3   81
RÉVISION 4   85

Chapitre 14 - La division
    Exercice 37   89
    Exercice 38   91
    Exercice 39   93
    Exercice 40   95

Chapitre 15 - Les moitiés et les quarts
    Exercice 41   97
    Exercice 42   99
    Exercice 43   101

Chapitre 16 - L'heure
    Exercice 44   103
    Exercice 45   106

RÉVISION 5   109

Table des matières

Chapitre 17 - Les nombres jusqu'à 69

Exercice 46	113
Exercice 47	116
Exercice 48	117
Exercice 49	119
Exercice 50	120
Exercice 51	122
Exercice 52	123
Exercice 53	124
Exercice 54	126
Exercice 55	127
Exercice 56	128
Exercice 57	129
Exercice 58	131
Exercice 59	133
Exercice 60	134
Exercice 61	136
Exercice 62	138
Exercice 63	140
Exercice 64	142
Exercice 65	143
Exercice 66	145

Chapitre 18 - Les nombres de 70 à 100

Exercice 67	147
Exercice 68	150
Exercice 69	152
Exercice 70	154
Exercice 71	155
Exercice 72	157
Exercice 73	158
Exercice 74	159
Exercice 75	161
Exercice 76	162
Exercice 77	164
Exercice 78	165
Exercice 79	167
Exercice 80	169

Exercice 81	170
Exercice 82	172
Exercice 83	174
Exercice 84	176
Exercice 85	178
Exercice 86	179
Exercice 87	181

RÉVISION 6	183

Chapitre 19 - La monnaie

Exercice 88	187
Exercice 89	189
Exercice 90	191
Exercice 91	193

RÉVISION 7	196
RÉVISION 8	200

Exercice 1

1 Répondez par vrai ou faux.

a

Il y a plus de papillons que de fleurs.

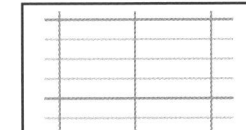

b

Il y a plus d'escargots que de feuilles.

c

Il y a plus de vers que de poissons.

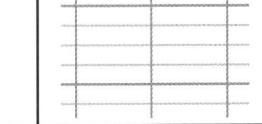

d

Il y a plus de poules que de canards.

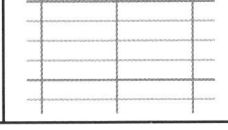

La comparaison de nombres

Exercice 2

1 Dessinez ce qui est demandé, puis complétez les phrases.

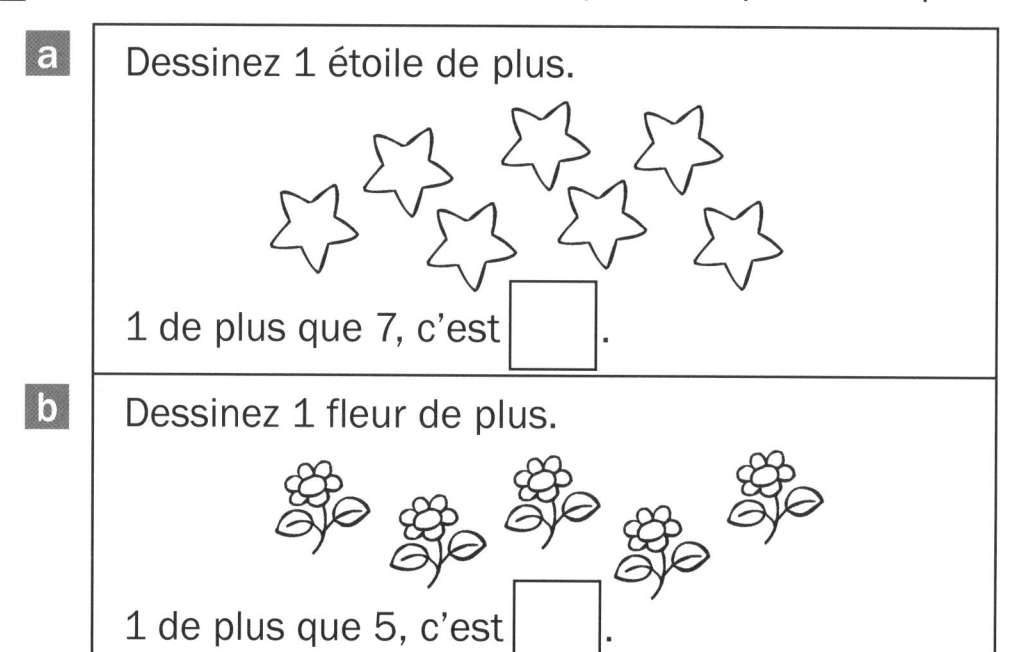

a Dessinez 1 étoile de plus.

1 de plus que 7, c'est ☐.

b Dessinez 1 fleur de plus.

1 de plus que 5, c'est ☐.

2 Barrez ce qui est demandé, puis complétez les phrases.

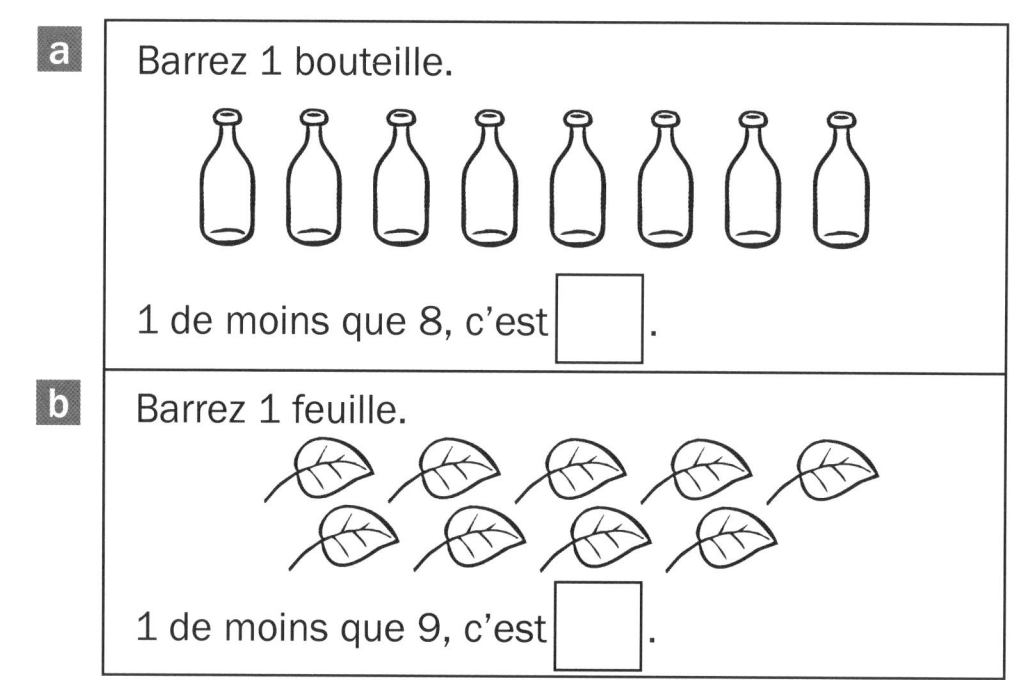

a Barrez 1 bouteille.

1 de moins que 8, c'est ☐.

b Barrez 1 feuille.

1 de moins que 9, c'est ☐.

3 Accrochez chaque ballon au bon nombre.

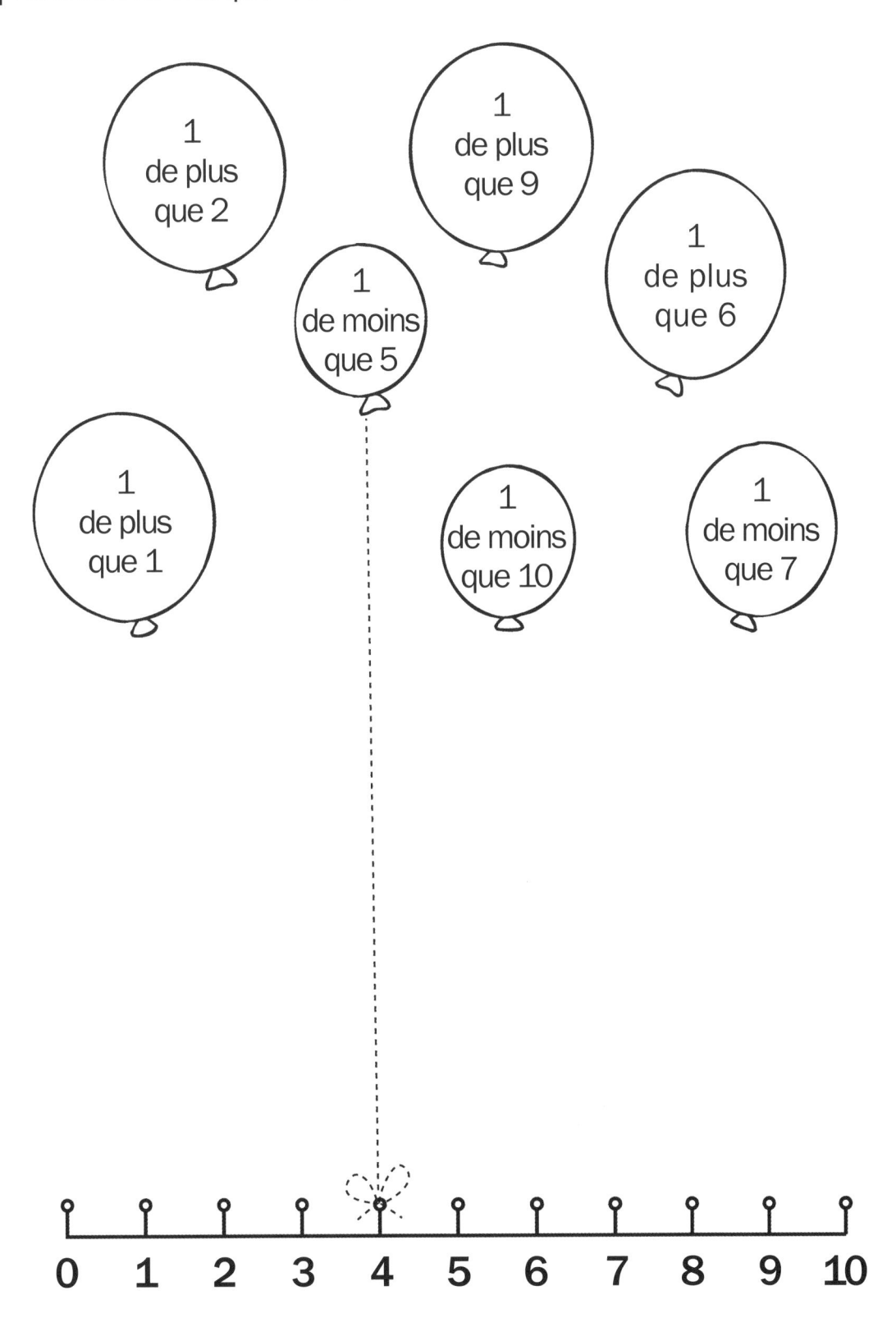

- 1 de plus que 2
- 1 de plus que 9
- 1 de plus que 6
- 1 de moins que 5
- 1 de plus que 1
- 1 de moins que 10
- 1 de moins que 7

0 1 2 3 4 5 6 7 8 9 10

La comparaison de nombres

Exercice 3

1 Complétez les phrases.

a Il y a ☐ fleurs de plus que de vases.

b Il y a ☐ bicyclettes de plus que de voitures.

c Il y a ☐ souris de plus que de chats.

d Il y a ☐ enfants de plus que de parapluies.

La comparaison de nombres

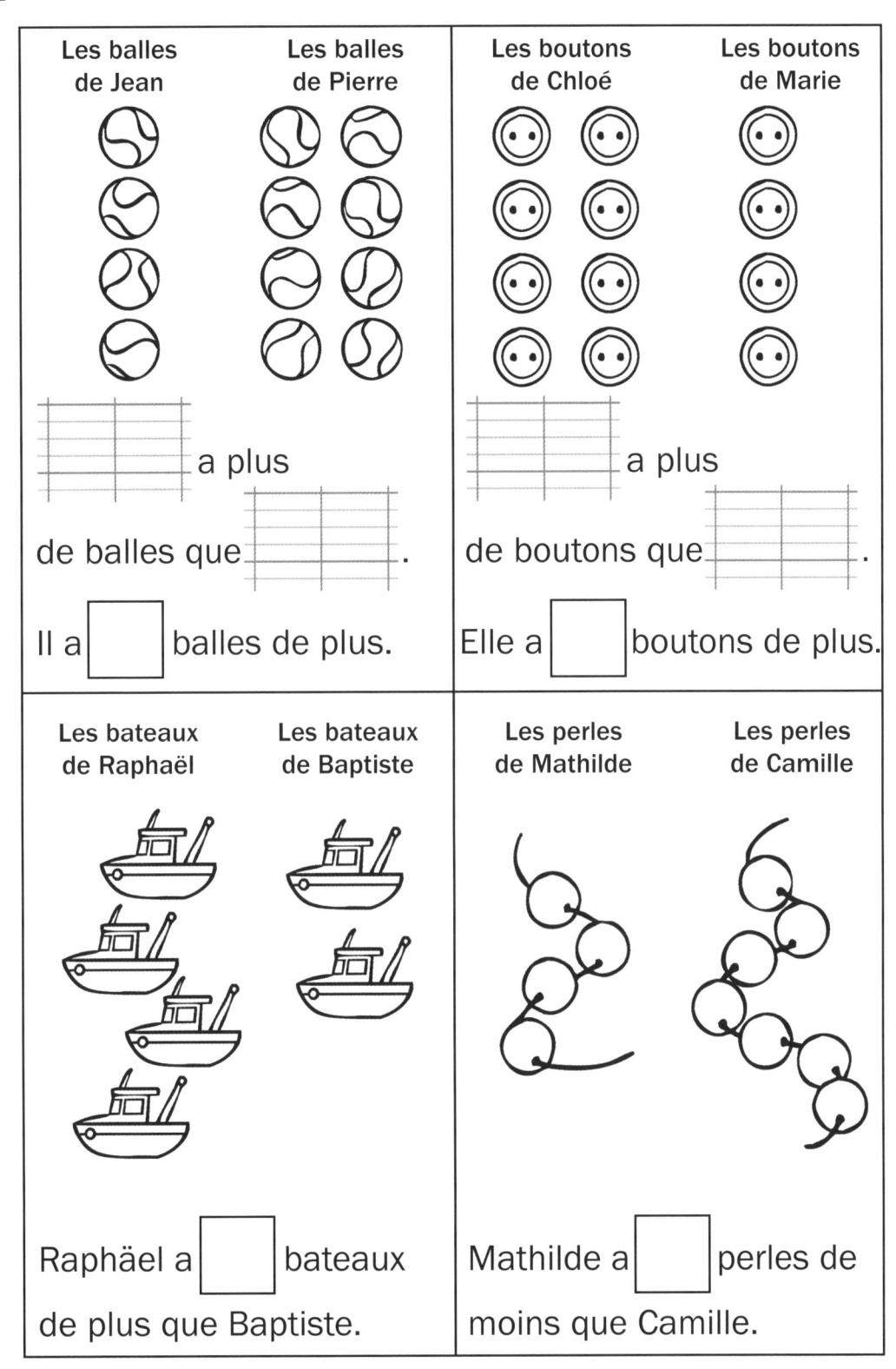

2 Complétez les phrases.

Les balles de Jean	Les balles de Pierre		Les boutons de Chloé	Les boutons de Marie

_____ a plus de balles que _____.

Il a ☐ balles de plus.

_____ a plus de boutons que _____.

Elle a ☐ boutons de plus.

Les bateaux de Raphaël	Les bateaux de Baptiste		Les perles de Mathilde	Les perles de Camille

Raphaël a ☐ bateaux de plus que Baptiste.

Mathilde a ☐ perles de moins que Camille.

La comparaison de nombres

Exercice 4

1 Complétez.

Combien d'oiseaux y a-t-il de plus que de chats ?

$$5 - 3 = \boxed{}$$

Il y a $\boxed{}$ oiseaux de plus que de chats.

2 Complétez.

Combien de balles y a-t-il de moins que de raquettes ?

$$6 - 2 = \boxed{}$$

Il y a $\boxed{}$ balles de moins que de raquettes.

10   La comparaison de nombres

3 Complétez.

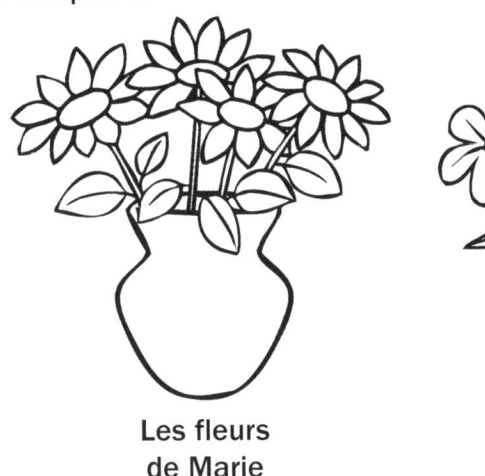

Les fleurs de Marie

Les fleurs de Jeanne

Combien de fleurs Marie a-t-elle de moins que Jeanne ?

6 − 4 = ☐

Marie a ☐ fleurs de moins que Jeanne.

4 Complétez.

Groupe A

Groupe B

Combien de lapins y a-t-il de plus dans le groupe B que dans le groupe A ?

8 − 4 = ☐

Il y a ☐ lapins de plus dans le goupe B que dans le groupe A.

La comparaison de nombres

Exercice 5

1 Complétez.

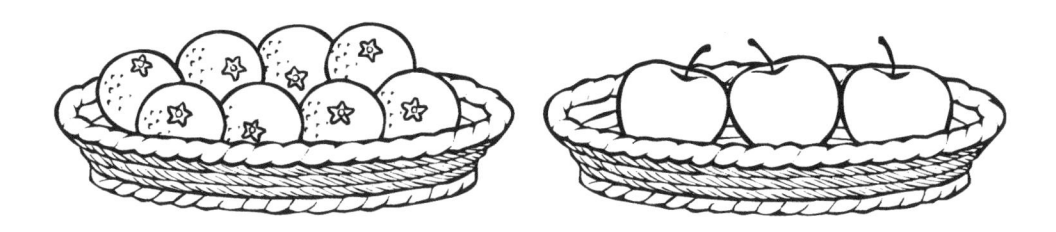

Combien d'oranges y a-t-il de plus que de pommes ?

$$8 - 3 = \boxed{}$$

Il y a ☐ oranges de plus que de pommes.

2 Complétez.

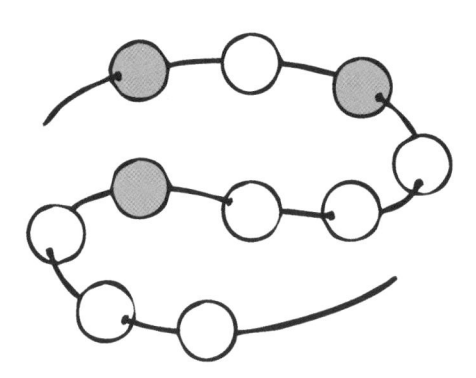

Combien y a-t-il de perles en tout ?

$$3 + 7 = \boxed{}$$

Il y a ☐ perles en tout.

La comparaison de nombres

3 Complétez.

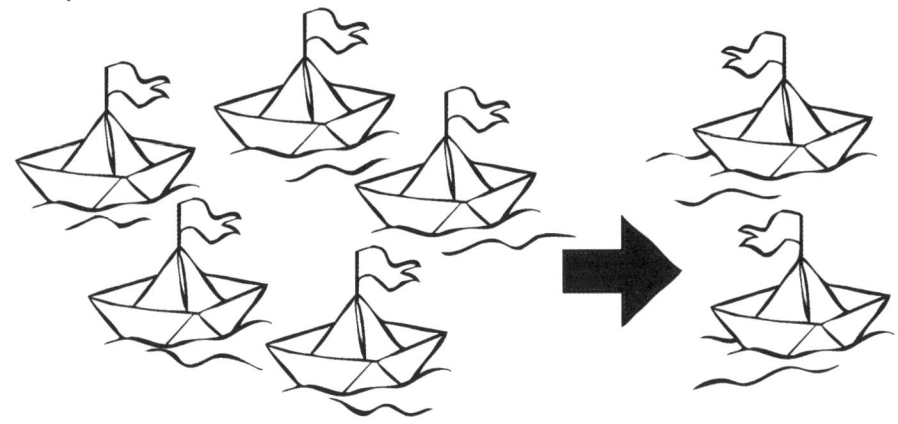

Combien de voiliers reste-t-il ?

7 ◯ 2 = ☐

Il reste ☐ voiliers.

4 Complétez.

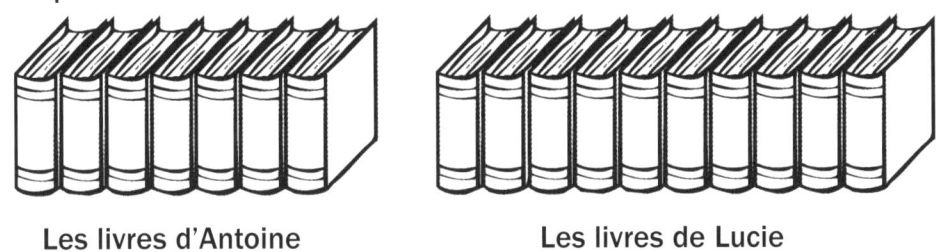

Les livres d'Antoine   Les livres de Lucie

Combien de livres Antoine a-t-il de moins que Lucie ?

10 ◯ 7 = ☐

Antoine a ☐ livres de moins que Lucie.

Exercice 6

1 Complétez.

J'ai lu 8 livres. — Thomas

J'ai lu 6 livres. — Pauline

a Combien de livres Thomas et Pauline ont-ils lus en tout ?

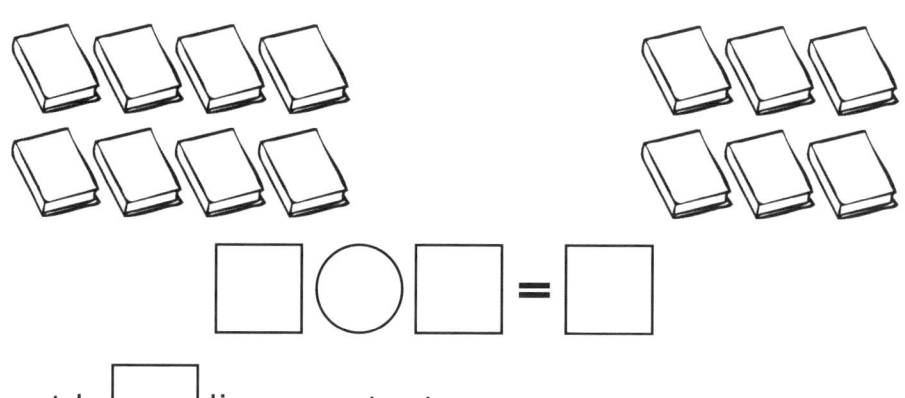

☐ ○ ☐ = ☐

Ils ont lu ☐ livres en tout.

b Combien de livres Thomas a-t-il lus de plus que Pauline ?

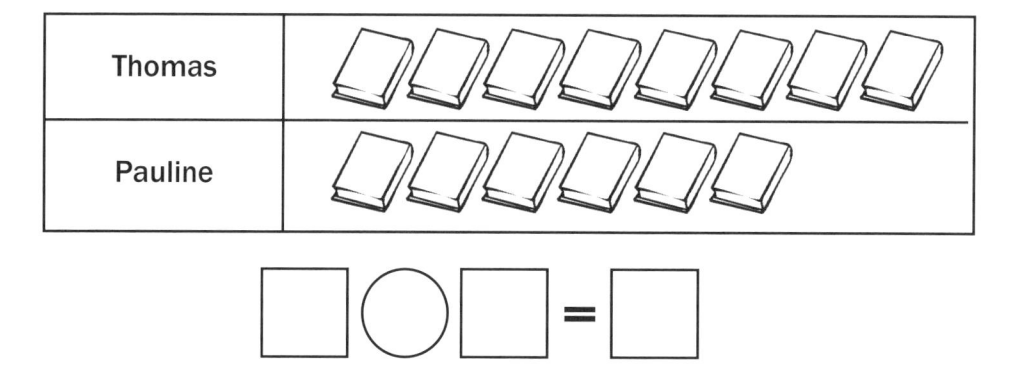

Thomas	
Pauline	

☐ ○ ☐ = ☐

Thomas a lu ☐ livres de plus que Pauline.

14   La comparaison de nombres

2 Complétez.

J'ai 4 crayons. — Emma

J'ai 3 crayons — Clara

Combien Emma et Clara ont-elles de crayons en tout ?

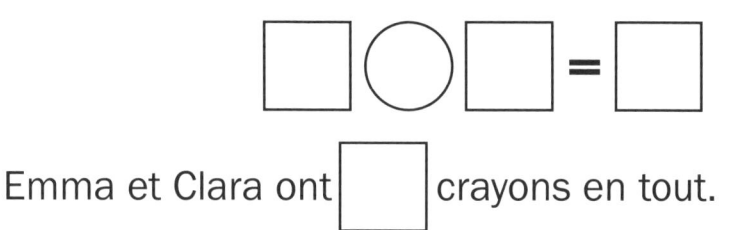

□ ○ □ = □

Emma et Clara ont □ crayons en tout.

3 Complétez.

J'ai 8 billes. — Quentin

J'ai 2 billes — Kevin

Combien de billes Quentin a-t-il de plus que Kevin ?

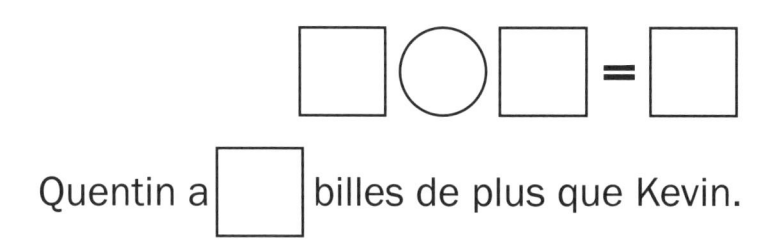

□ ○ □ = □

Quentin a □ billes de plus que Kevin.

La comparaison de nombres

Exercice 7

1 Dans un magasin de jouets, on trouve les jeux suivants :

Voitures	Tambours	Bateaux

Complétez les phrases.

a Il y a ☐ voitures.

b Il y a ☐ tambours.

c Il y a ☐ bateaux.

d Il y a ☐ jouets en tout.

e Il y a ☐ bateaux de plus que de tambours.

2 Voici les animaux de compagnie de Myriam :

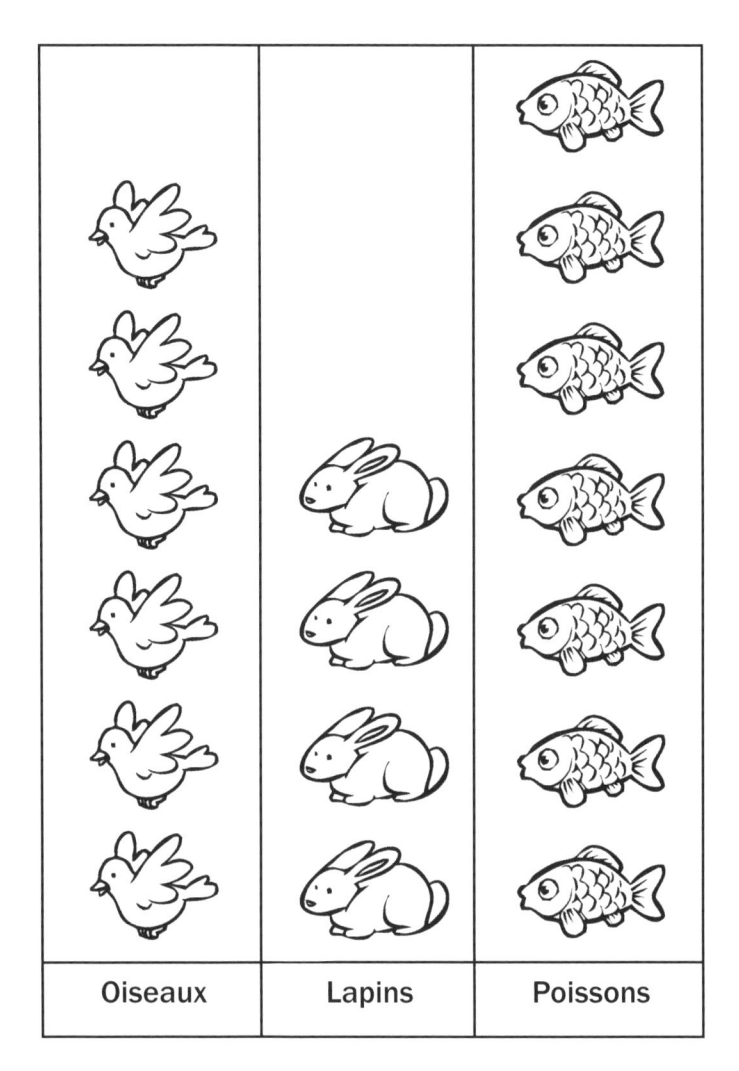

Oiseaux	Lapins	Poissons

Complétez les phrases.

a Myriam a ☐ lapins.

b Elle a ☐ oiseaux.

c Elle a ☐ poissons de plus que de lapins.

d Elle a ☐ lapins de moins que d'oiseaux.

Les tableaux 17

3 Au zoo, on peut observer les animaux suivants :

Singes

Lions

Ours

Complétez les phrases.

a Il y a ☐ singes.

b Il y a ☐ ours.

c Il y a ☐ singes de plus que d'ours.

d Il y a ☐ lions de moins que d'ours.

e Il y a ☐ animaux en tout.

18 Les tableaux

Exercice 8

1

Les oiseaux du parc animalier.		
Chouettes	🦉	●●●●●●
Paons	🦚	●●●
Perroquets	🦜	●●●●
Cygnes	🦢	●●●●●
Faucons	🦅	●●
	Chaque ● représente 1 oiseau.	

Complétez les phrases.

a Il y a ☐ oiseaux en tout.

b Il y a ☐ cygnes.

c Il y a ☐ chouettes de plus que de perroquets.

d Il y a ☐ faucons de moins que de cygnes.

e Le nombre de _____ est le plus grand.

f Le nombre de _____ est le plus petit.

Les tableaux

2

Les poissons favoris d'une classe de CP.		
Poisson ange		▨ ▨
Poisson rouge		▨ ▨ ▨ ▨ ▨ ▨ ▨
Guppy		▨ ▨ ▨ ▨ ▨
Poisson porte-épée		▨ ▨ ▨ ▨
Chaque ▨ représente 1 enfant.		

Complétez les phrases.

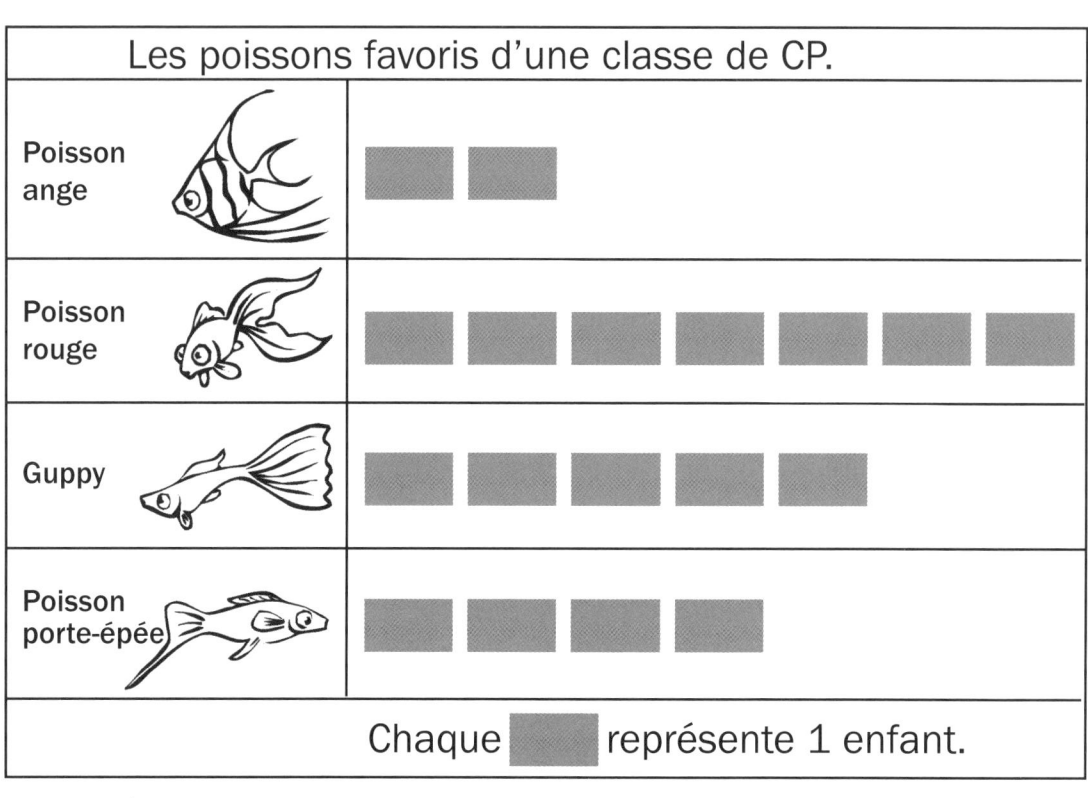

a Le poisson rouge est le poisson préféré de ☐ élèves.

b Le poisson porte-épée est le poisson préféré de ☐ élèves.

c Le guppy est préféré par ☐ élèves de plus que le poisson ange.

d Le poisson porte-épée est préféré par ☐ élèves de moins que le poisson rouge.

e Le poisson le moins aimé est le _____.

f Le poisson le plus aimé est le _____.

Exercice 9

1 Quatre enfants jouent à lancer des balles dans une corbeille.

À la fin de la partie, chaque enfant a lancé 5 balles et le résultat est le suivant :

Manon — Léo — Nicolas — Julie

Établissez le score de chaque enfant en comptant le nombre de balles dans chaque corbeille, puis en complétant le tableau.
Écrivez, dans la dernière colonne, la position des enfants (1er, 2e, 3e, 4e).

						Classement
Manon	○	○	○			
Léo						
Nicolas						
Julie						

Les tableaux 21

2 Ce dessin montre tous les jouets d'un magasin. Classez et comptez les jouets par catégorie afin de compléter le tableau ci-dessous.

	Les jouets d'un magasin.					
Nombre de jouets.						
	🏐	🧸	🚗	🪇	➰	🥁

22 Les tableaux

Exercice 10

1 Entourez des groupes de 10, puis comptez et écrivez le nombre.

24

Les nombres jusqu'à 40

Exercice 11

1 Reliez chaque poule à son œuf.

Poule (gauche)	Œufs	Poule (droite)
vingt-deux	31	trente-huit
trente et un	26	trente-sept
trente-cinq	22	vingt-six
vingt-trois	37	quarante
trente-quatre	23	vingt-neuf
	38	
	34	
	29	
	35	
	40	

Les nombres jusqu'à 40

2 Écrivez le numéro du nid sur chaque œuf.

36
trente-six

vingt-cinq

trente-neuf

trente-deux

trente

trente-quatre

vingt-huit

vingt-sept

vingt-quatre

trente-trois

Les nombres jusqu'à 40

Exercice 12

1 Complétez les phrases suivantes :

a

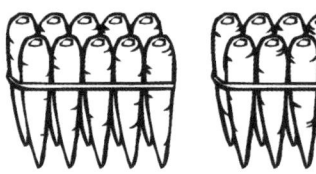

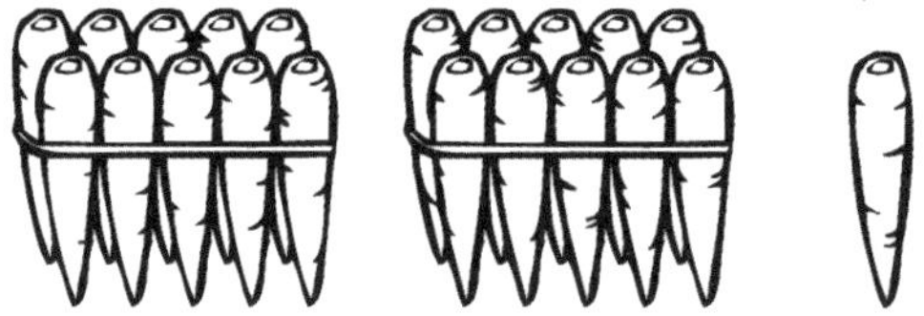

1 de plus que 20, c'est ☐.

b

3 de plus que 30, c'est ☐.

c

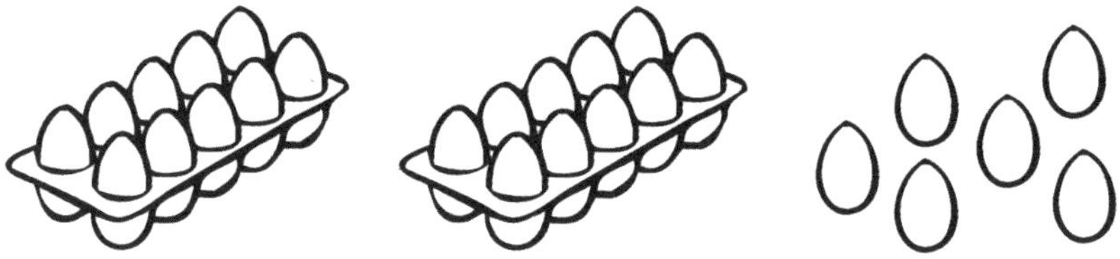

6 de plus que 20, c'est ☐.

d

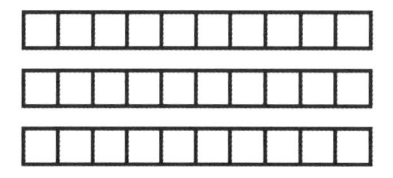

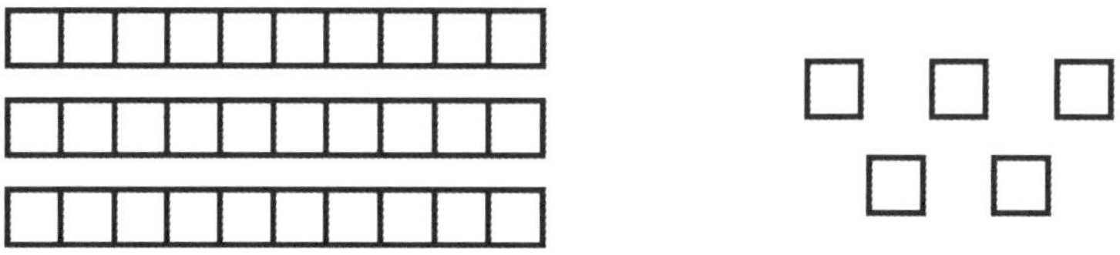

5 de plus que 30, c'est ☐.

Exercice 13

1 Complétez.

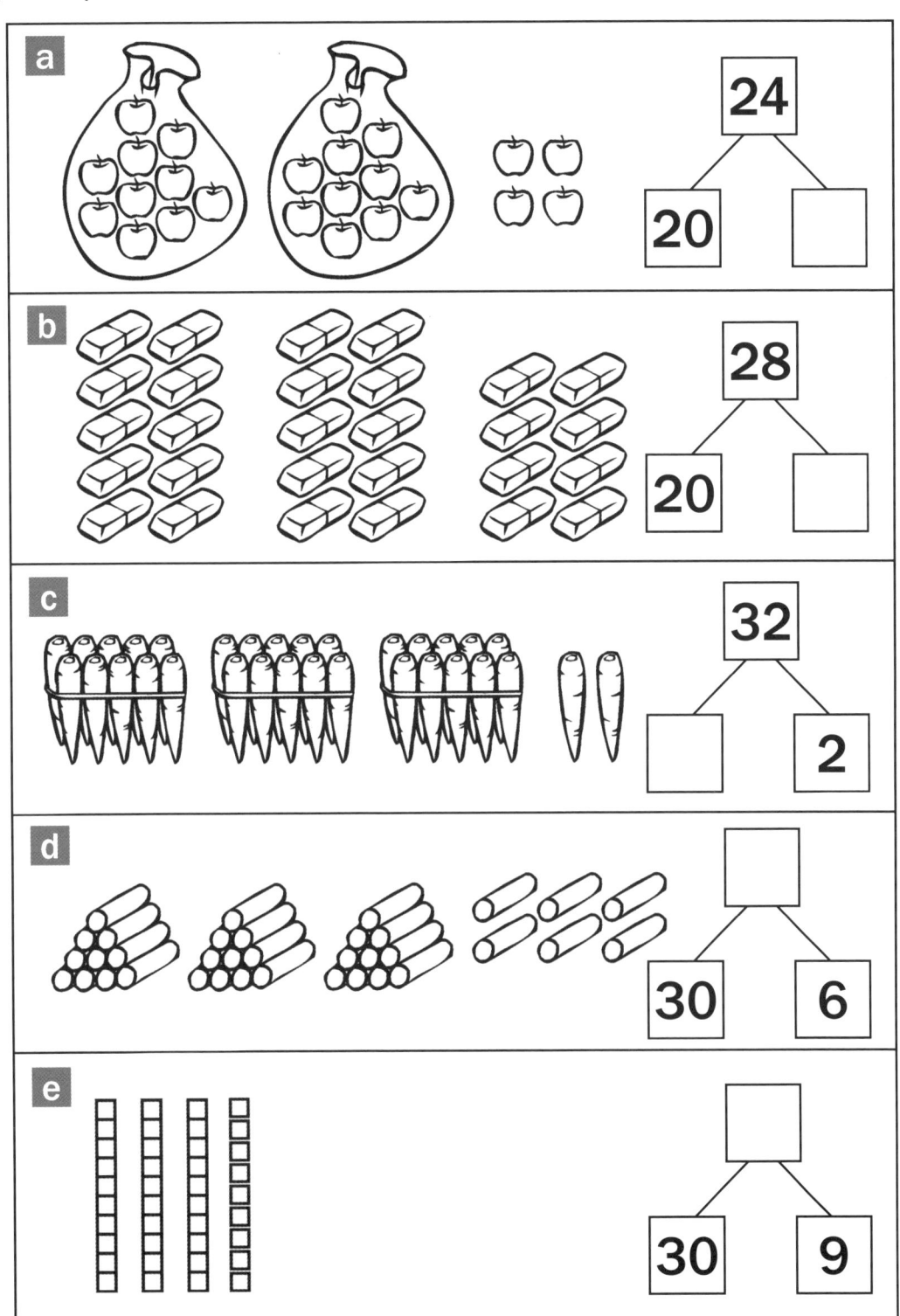

a 24 / 20 / ☐

b 28 / 20 / ☐

c 32 / ☐ / 2

d ☐ / 30 / 6

e ☐ / 30 / 9

Les nombres jusqu'à 40

2 Complétez.

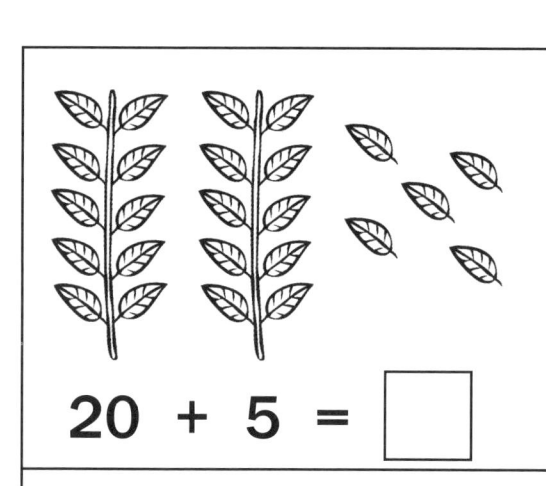

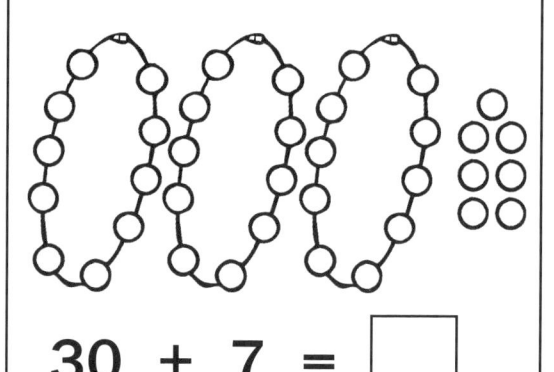

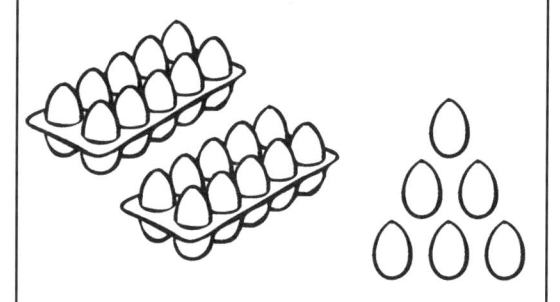

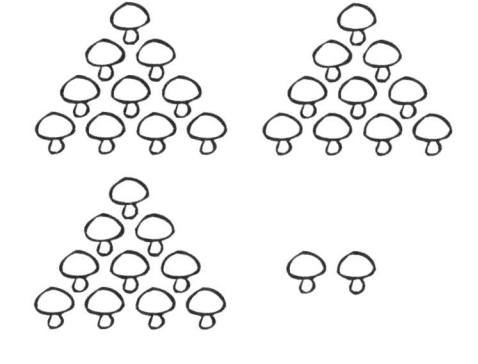

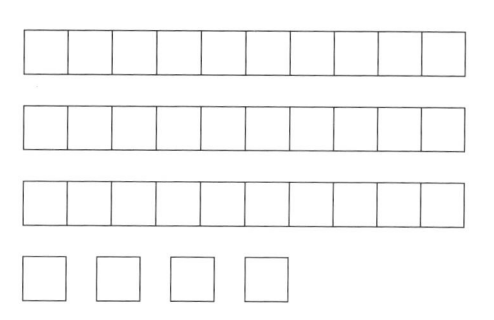

20 + 5 = ☐

30 + 7 = ☐

20 + ☐ = 26

30 + ☐ = 32

☐ + 8 = 28

☐ + 4 = 34

28 Les nombres jusqu'à 40

Exercice 14

1 Complétez les suites de nombres.

a

11, 12, __, __, 15, __, 17, __, 19

b

| 21 | | | 24 | | 26 | 27 | | | 30 |

c

30, 31, 32, __, __, 35, __, __, 38

Les nombres jusqu'à 40

1	2	3	4	5	6	7	8	9	10
11	12	13	14	15	16	17	18	19	20
21	22	23	24	25	26	27	28	29	30
31	32	33	34	35	36	37	38	39	40

2 Complétez les phrases.

a 1 de plus que 15, c'est ☐.

b 1 de plus que 26, c'est ☐.

c 1 de plus que 30, c'est ☐.

d 1 de moins que 18, c'est ☐.

e 1 de moins que 33, c'est ☐.

f 1 de moins que 40, c'est ☐.

g 2 de plus que 17, c'est ☐.

h 2 de plus que 29, c'est ☐.

i 2 de moins que 28, c'est ☐.

j 2 de moins que 37, c'est ☐.

Les nombres jusqu'à 40

Exercice 15

1 Complétez les phrases avec les nombres tirés du sac.

a

Nombres dans le sac : 38, 25, 40, 21

25 est plus grand que ☐.

38 est plus petit que ☐.

Le nombre le plus grand est ☐.

Le nombre le plus petit est ☐.

b

Nombres dans le sac : 35, 17, 29, 39

29 est plus grand que ☐.

35 est plus petit que ☐.

Le nombre le plus grand est ☐.

Le nombre le plus petit est ☐.

Exercice 16

1 Écrivez le nombre de dizaines et d'unités.

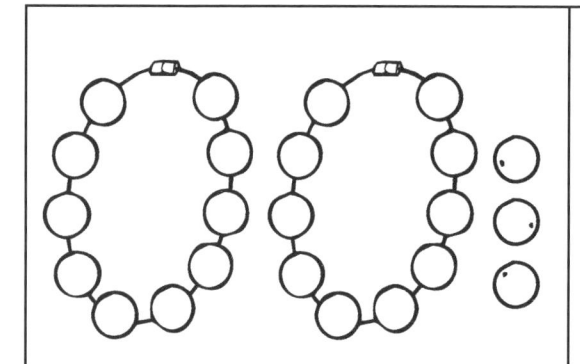

23 = ☐ dizaines et ☐ unités.

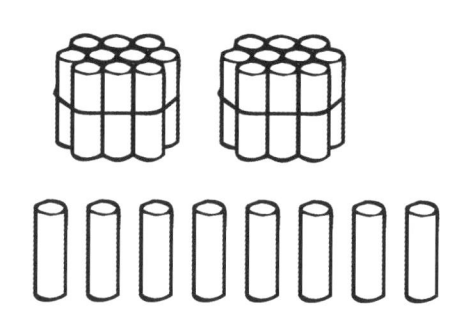

28 = ☐ dizaines et ☐ unités.

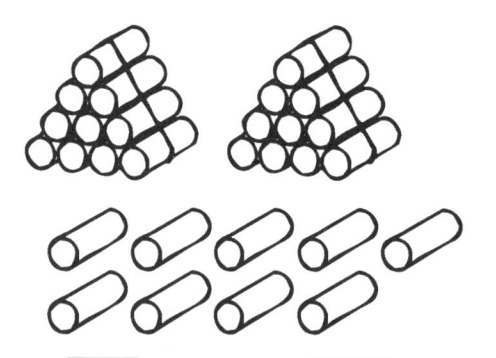

29 = ☐ dizaines et ☐ unités.

26 = ☐ dizaines et ☐ unités.

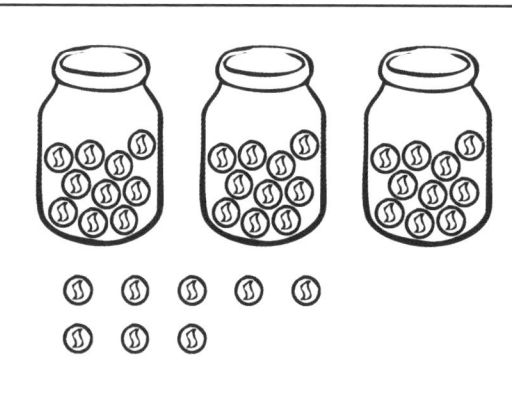

38 = ☐ dizaines et ☐ unités.

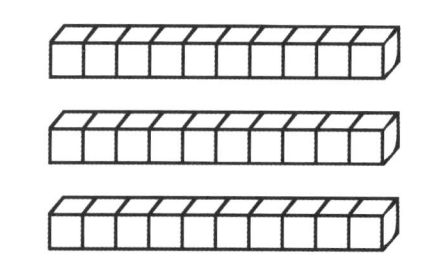

30 = ☐ dizaines et ☐ unité.

2 Écrivez le nombre de dizaines et le nombre d'unités, puis, à droite de la flèche, le nombre total.

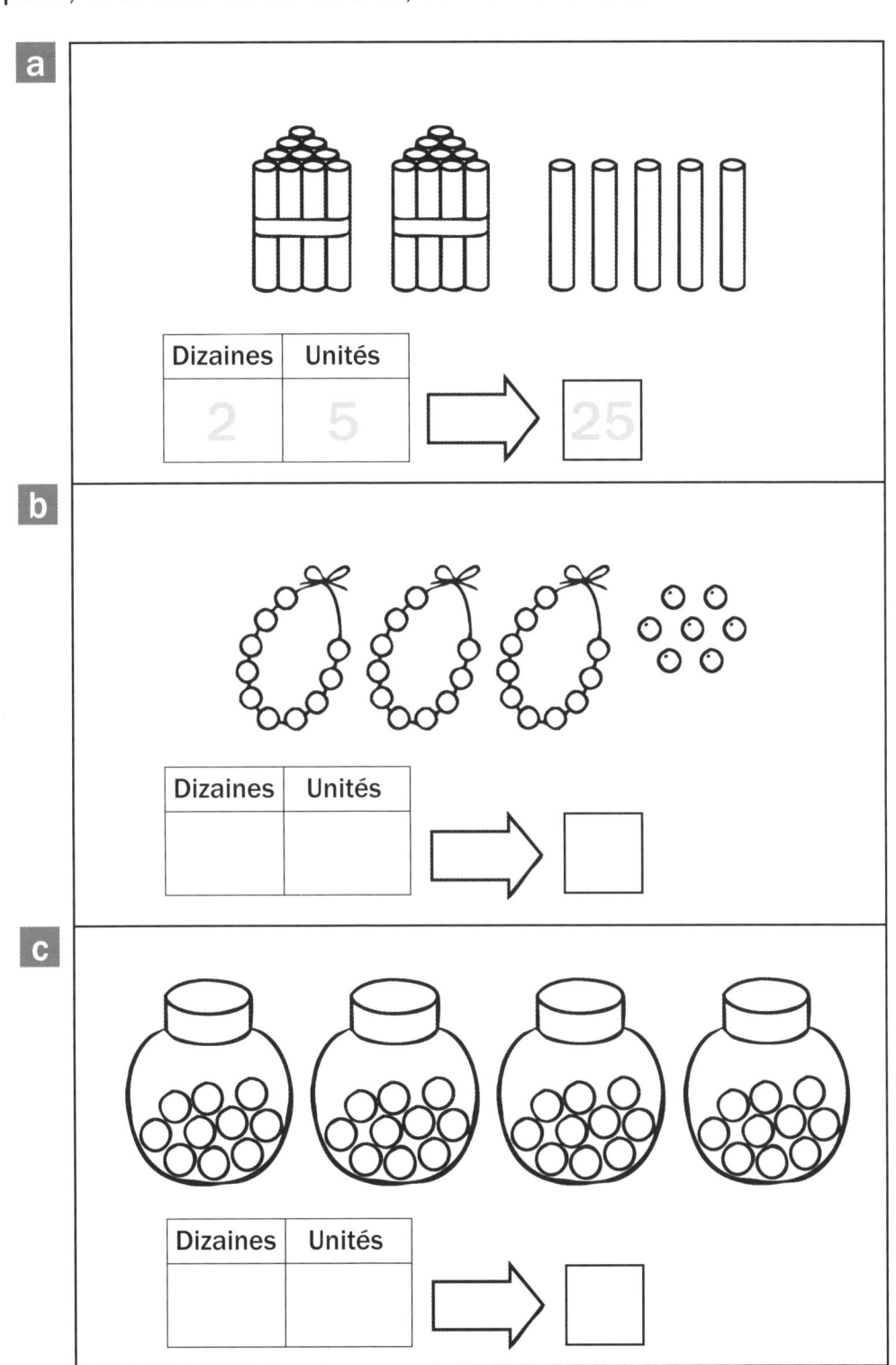

a

Dizaines	Unités
2	5

⇨ 25

b

Dizaines	Unités

⇨ ☐

c

Dizaines	Unités

⇨ ☐

Exercice 17

1 Complétez les phrases.

a

1 de plus que 18, c'est ☐.

b

10 de plus que 23, c'est ☐.

c

10 de plus que 12, c'est ☐.

d

1 de plus que 39, c'est ☐.

34 Les nombres jusqu'à 40

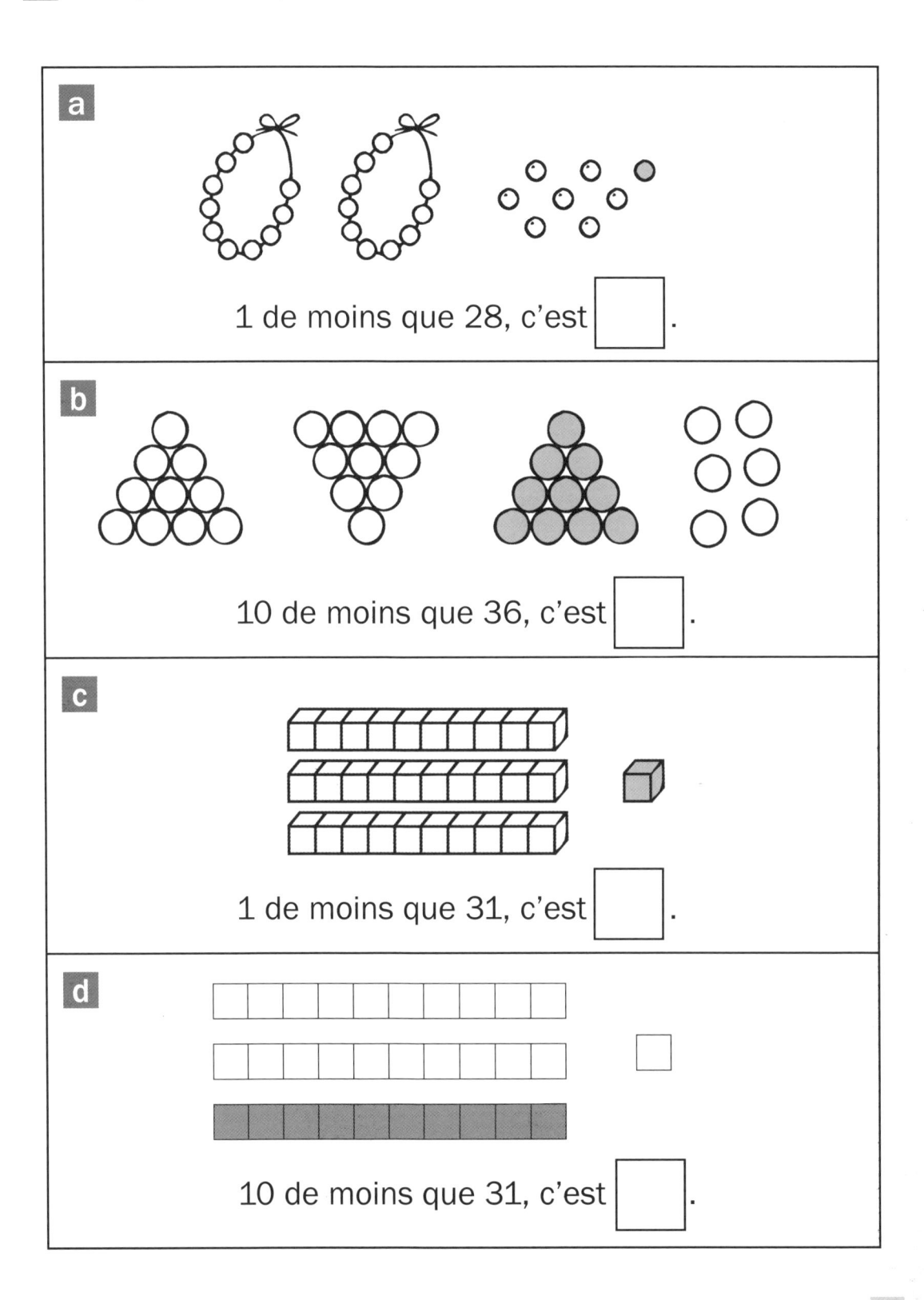

2 Complétez les phrases.

a 1 de moins que 28, c'est ☐.

b 10 de moins que 36, c'est ☐.

c 1 de moins que 31, c'est ☐.

d 10 de moins que 31, c'est ☐.

3 Complétez les phrases.

1 de plus que 25, c'est ☐.

10 de plus que 25, c'est ☐.

1 de moins que 22, c'est ☐.

10 de moins que 22, c'est ☐.

1 de plus que 24, c'est ☐.

10 de plus que 24, c'est ☐.

1 de plus que 27, c'est ☐.

10 de plus que 27, c'est ☐.

1 de plus que 26, c'est ☐.

10 de plus que 26, c'est ☐.

1 de moins que 29, c'est ☐.

10 de moins que 29, c'est ☐.

Les nombres jusqu'à 40

Exercice 18

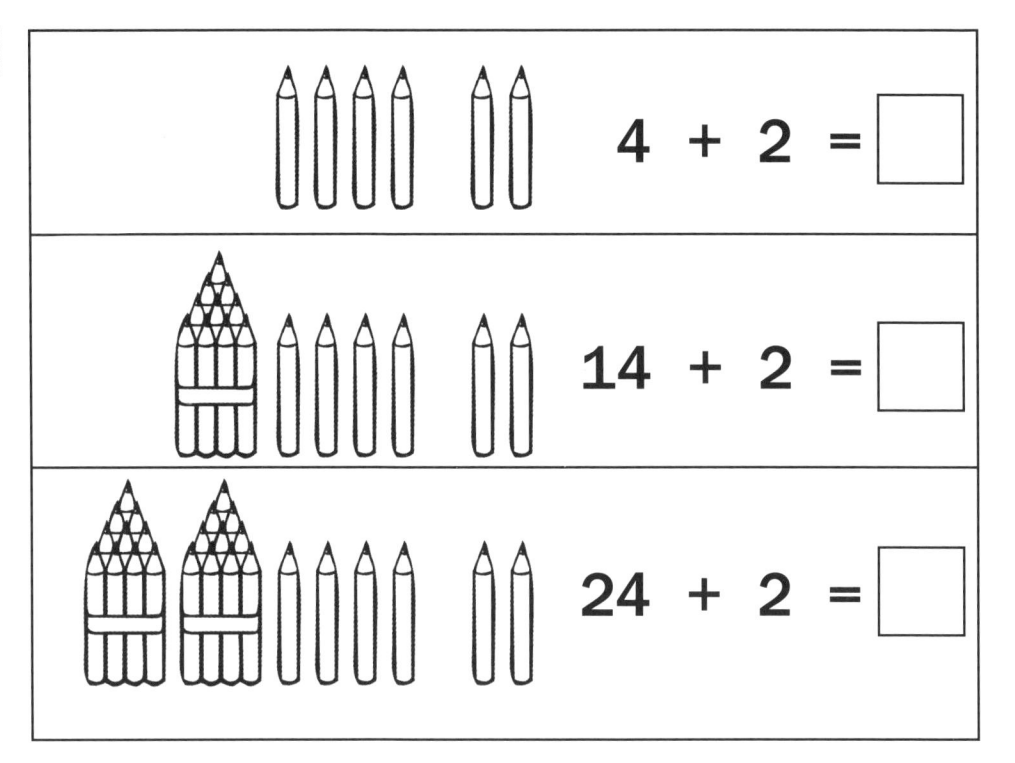

1 Additionnez.

a

4 + 2 = ☐

14 + 2 = ☐

24 + 2 = ☐

b

2 + 5 = ☐

22 + 5 = ☐

32 + 5 = ☐

Les nombres jusqu'à 40

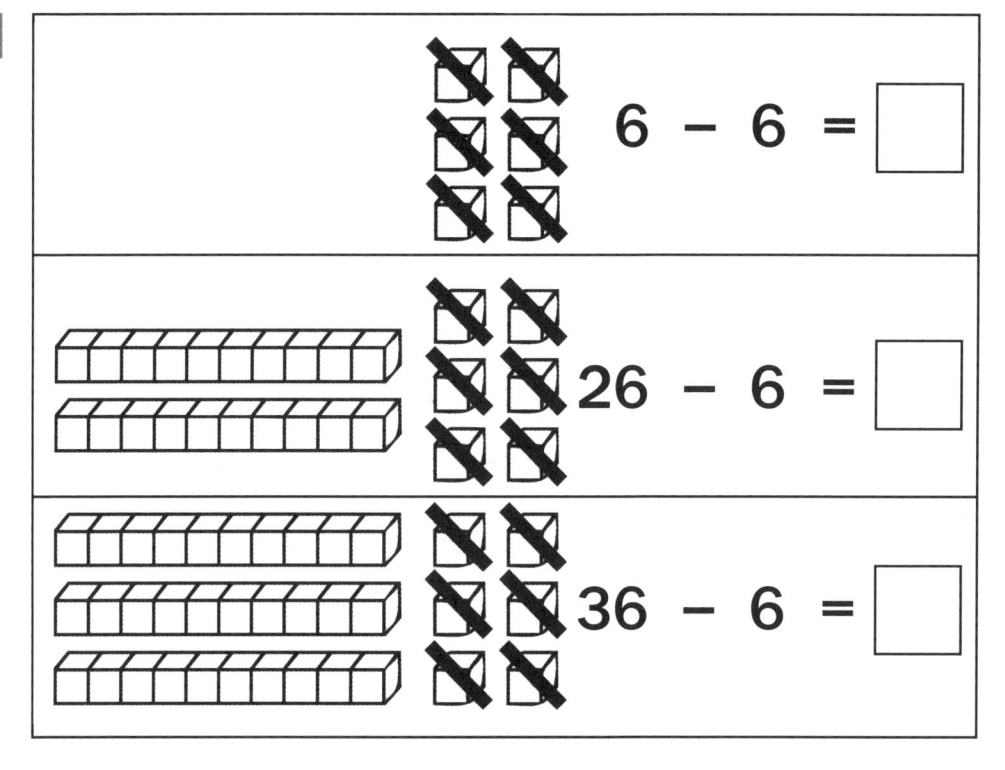

2 Soustrayez.

a

8 − 4 = ☐

18 − 4 = ☐

28 − 4 = ☐

b

6 − 6 = ☐

26 − 6 = ☐

36 − 6 = ☐

Exercice 19

1 Additionnez.

a 15 + 3 = ☐

b 30 + 10 = ☐

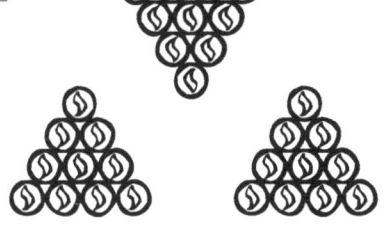

c 33 + 3 = ☐

d 12 + 10 = ☐

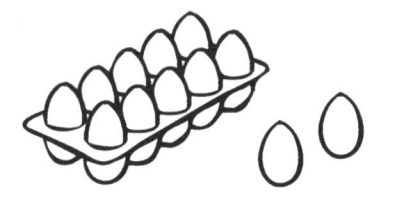

e 38 + 2 = ☐

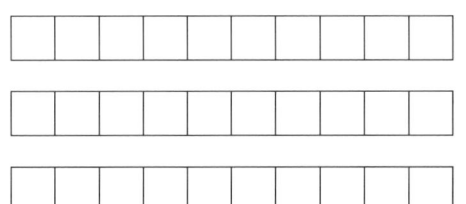

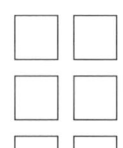

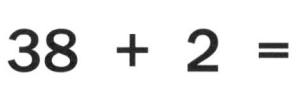

Les nombres jusqu'à 40

2 Soustrayez.

a) 12 − 2 = ☐

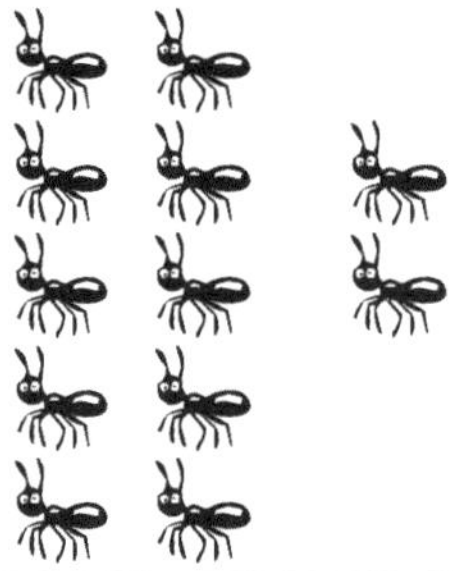

b) 25 − 10 = ☐

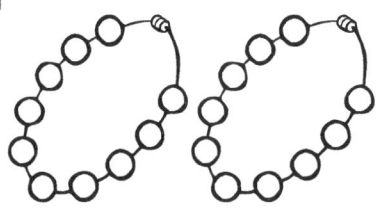

c) 37 − 3 = ☐

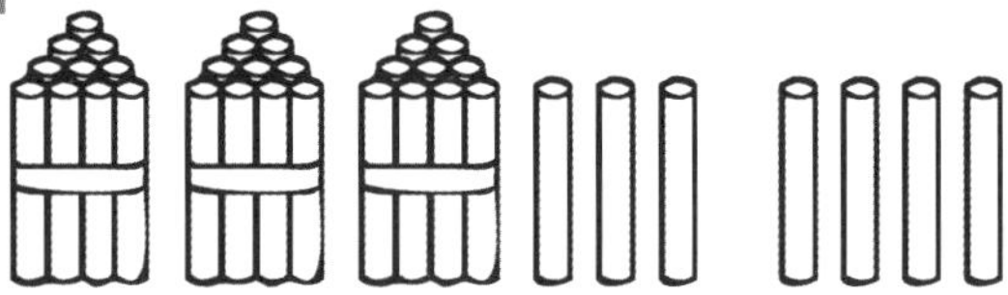

d) 40 − 10 = ☐

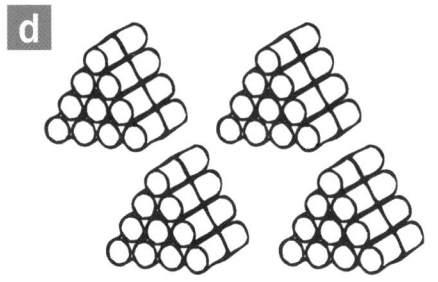

e) 36 − 6 = ☐

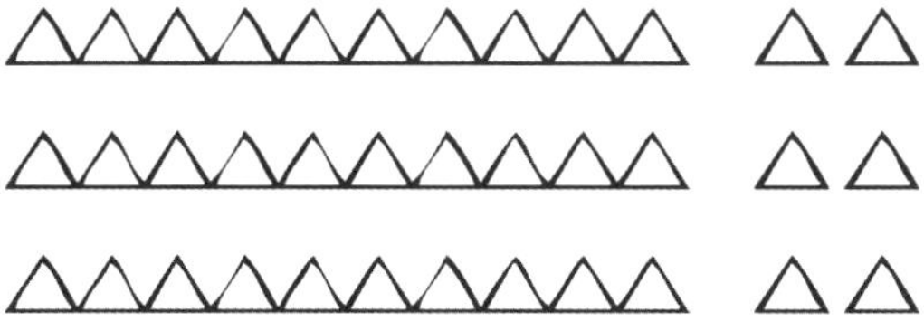

Les nombres jusqu'à 40

Exercice 20

1 Complétez.

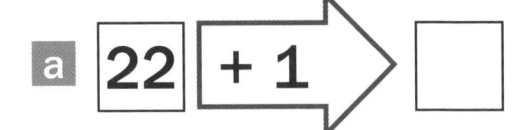

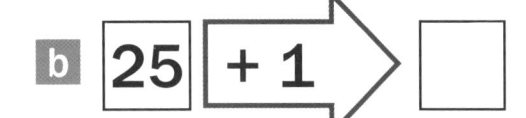

a) 22 + 1 → ☐   b) 25 + 1 → ☐

c) 28 + 2 → ☐   d) 30 + 2 → ☐

e) 34 + 3 → ☐   f) 35 + 3 → ☐

g) 33 + 1 → ☐   h) 39 + 1 → ☐

2 Complétez.

a) 23 − 1 → ☐   b) 26 − 1 → ☐

c) 27 − 2 → ☐   d) 30 − 2 → ☐

e) 34 − 3 → ☐   f) 39 − 3 → ☐

g) 38 − 1 → ☐   h) 40 − 2 → ☐

Les nombres jusqu'à 40

3 Complétez.

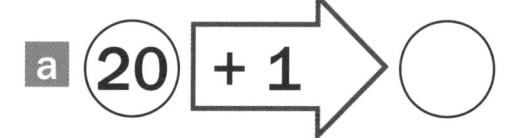

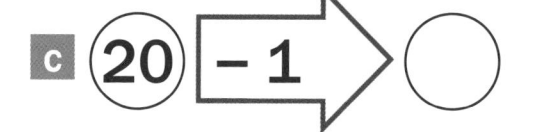

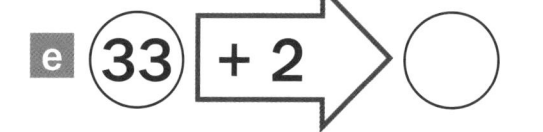

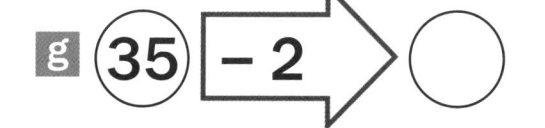

a) 20 + 1 → ◯   b) 30 + 1 → ◯

c) 20 − 1 → ◯   d) 30 − 1 → ◯

e) 33 + 2 → ◯   f) 34 + 0 → ◯

g) 35 − 2 → ◯   h) 32 − 2 → ◯

i) 36 + 3 → ◯   j) 37 + 3 → ◯

k) 39 − 3 → ◯   l) 40 − 3 → ◯

4 Complétez en suivant l'ordre des flèches.

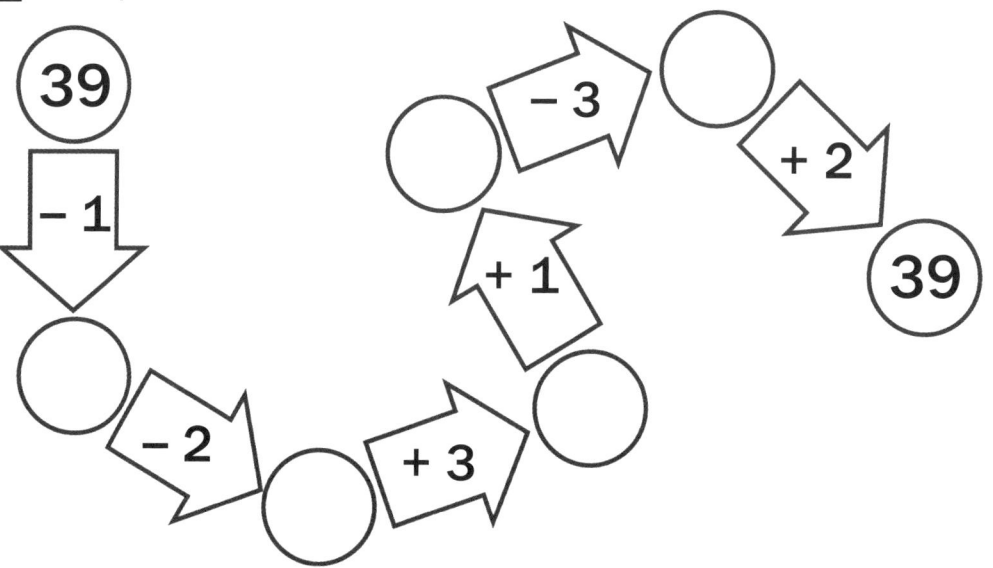

39 − 1 → ◯ − 2 → ◯ + 3 → ◯ + 1 → ◯ − 3 → ◯ + 2 → 39

42 Les nombres jusqu'à 40

Exercice 21

1 Additionnez.

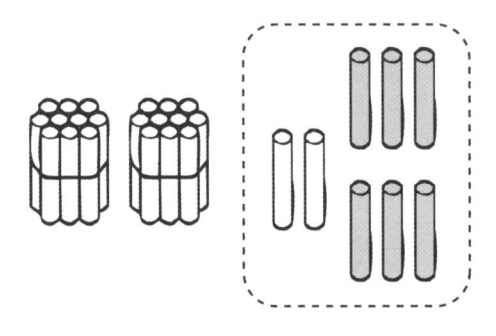

22 + 6 = ☐

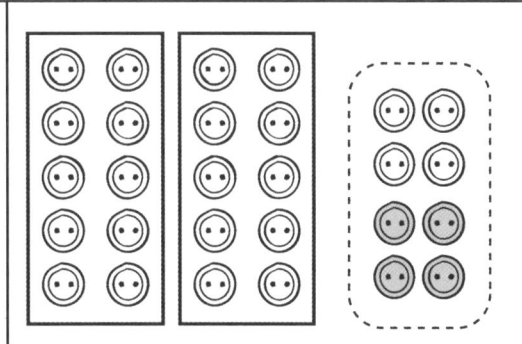

24 + 4 = ☐

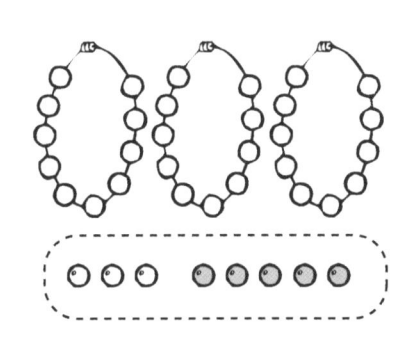

33 + 5 = ☐

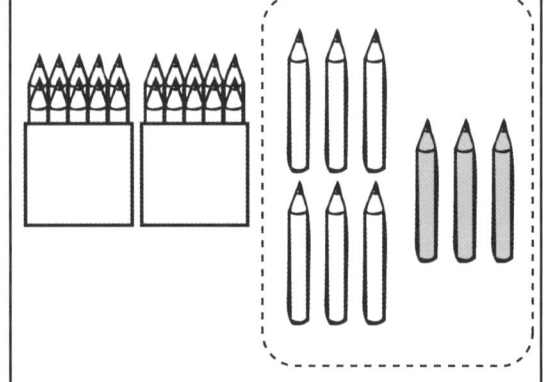

26 + 3 = ☐

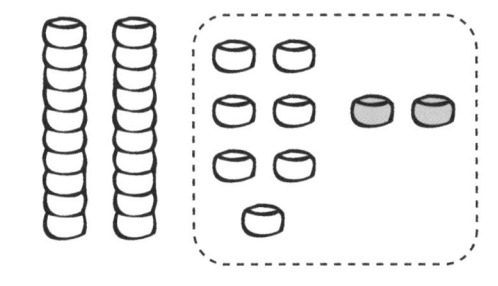

27 + 2 = ☐

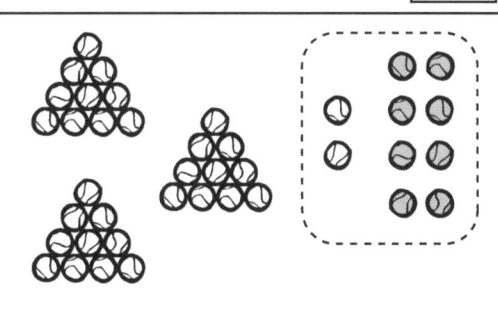

32 + 8 = ☐

Les nombres jusqu'à 40

2 Additionnez.

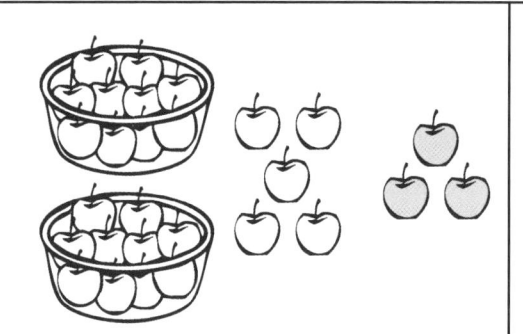

25 + 3 = ☐

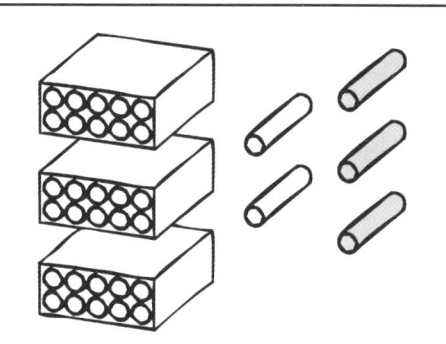

32 + 3 = ☐

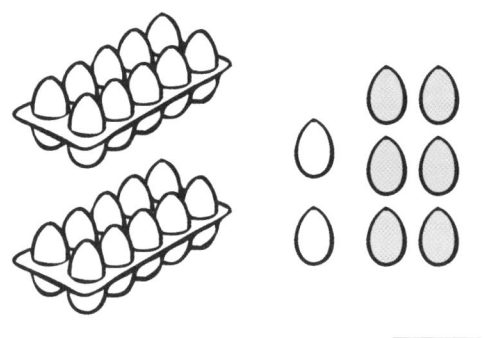

22 + 6 = ☐

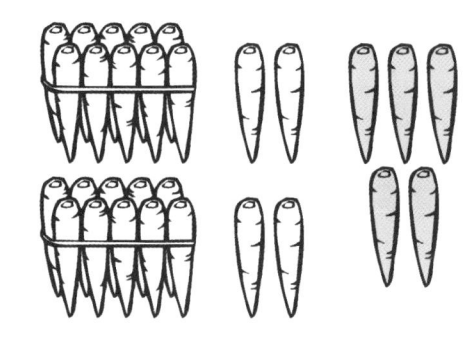

24 + 5 = ☐

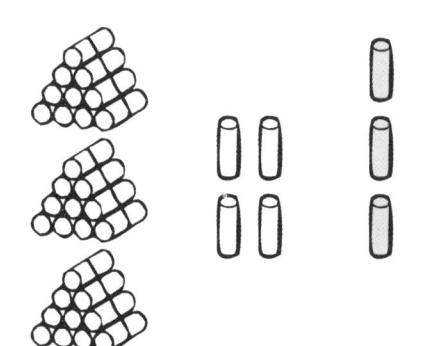

34 + 3 = ☐

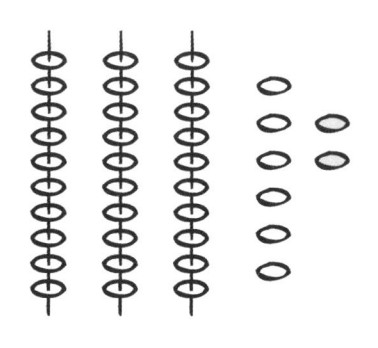

36 + 2 = ☐

44 Les nombres jusqu'à 40

Exercice 22

1 Additionnez.

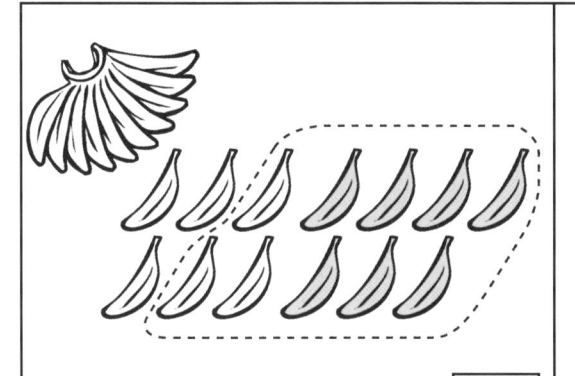

16 + 7 =

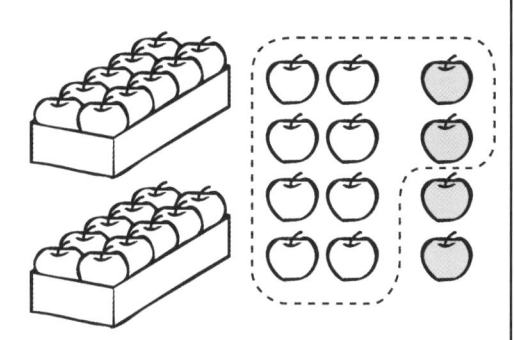

28 + 4 =

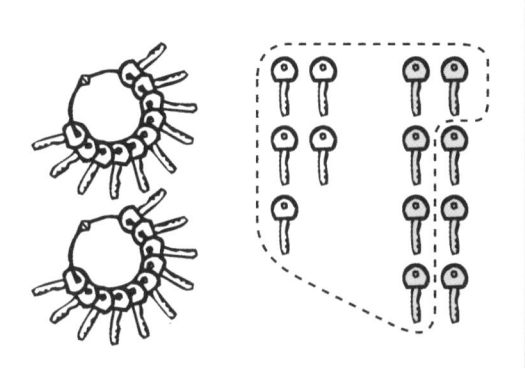

25 + 8 =

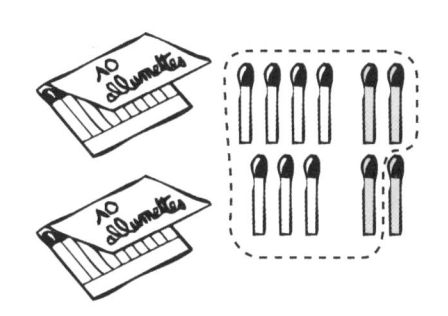

27 + 4 =

29 + 3 =

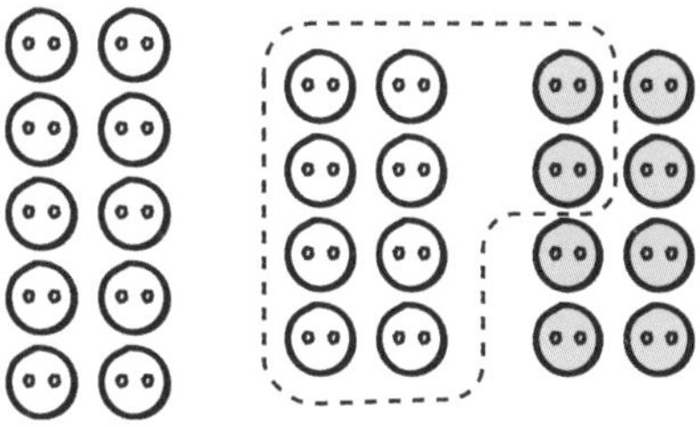

18 + 8 =

Les nombres jusqu'à 40

2 Additionnez.

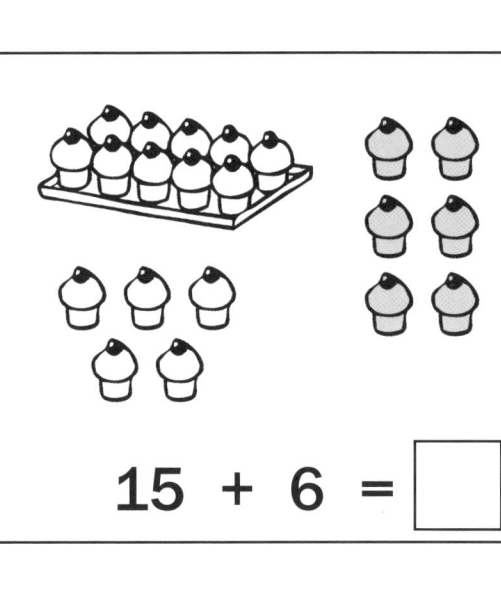

15 + 6 =

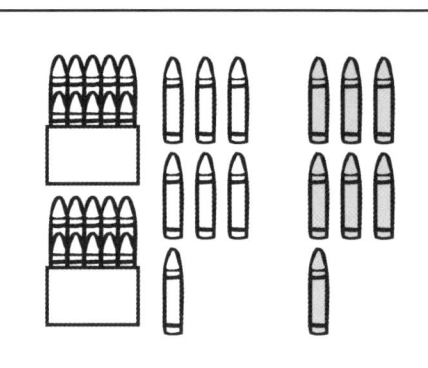

27 + 7 =

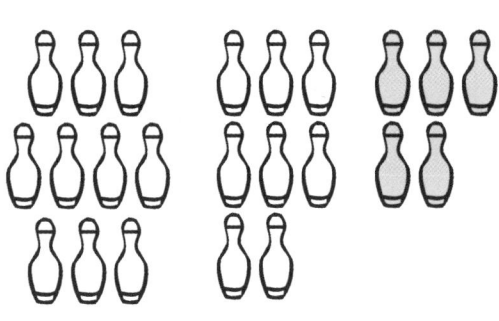

18 + 5 =

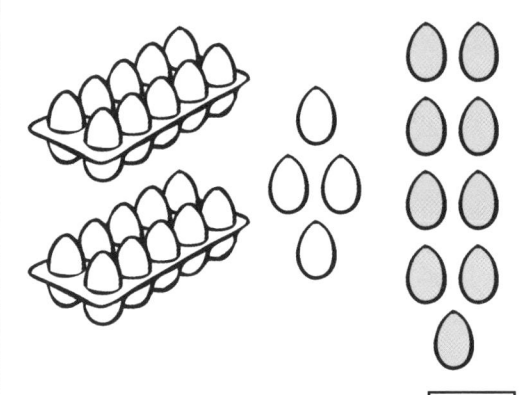

24 + 9 =

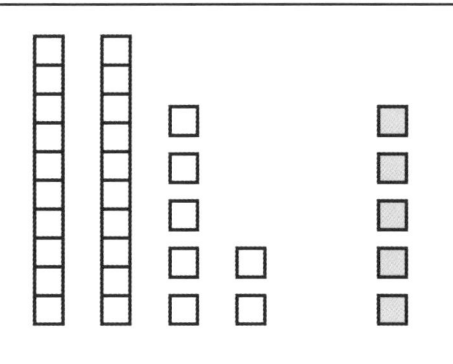

27 + 5 =

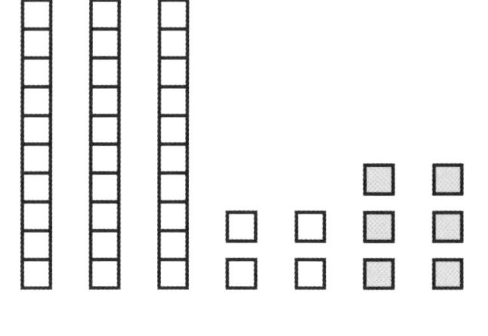

34 + 6 =

46 Les nombres jusqu'à 40

Exercice 23

1 Additionnez, puis écrivez les résultats sur les pots.

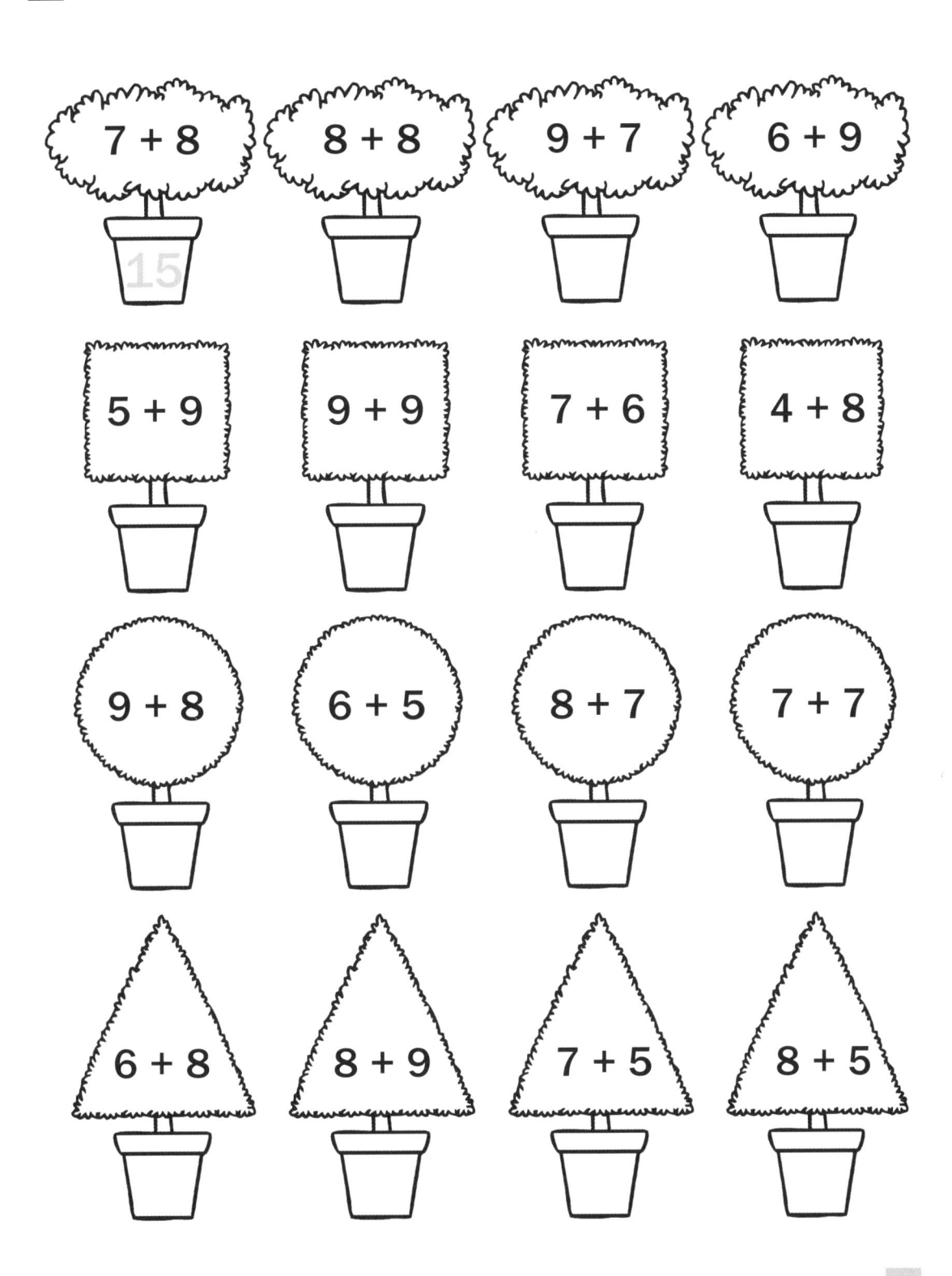

7 + 8	8 + 8	9 + 7	6 + 9
15			

5 + 9	9 + 9	7 + 6	4 + 8

9 + 8	6 + 5	8 + 7	7 + 7

6 + 8	8 + 9	7 + 5	8 + 5

Les nombres jusqu'à 40

Exercice 24

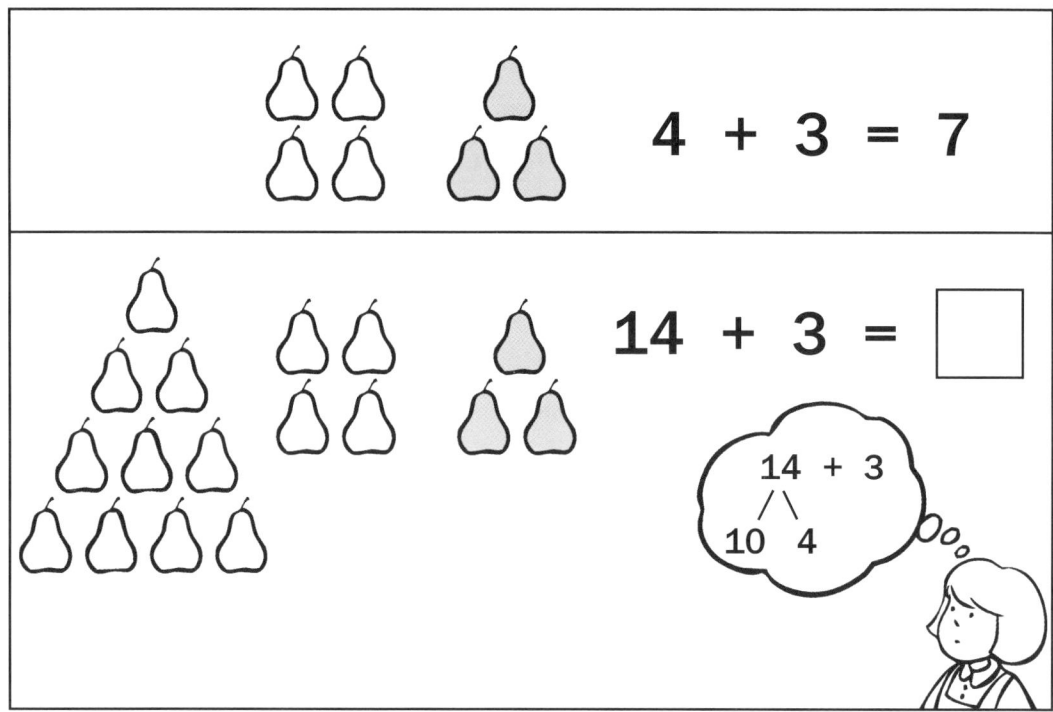

1 Additionnez.

4 + 3 = 7

14 + 3 = ☐

(14 + 3, 10 et 4)

5 + 2 = ☐
15 + 2 = ☐

6 + 3 = ☐
16 + 3 = ☐

4 + 4 = ☐
24 + 4 = ☐

5 + 4 = ☐
25 + 4 = ☐

7 + 2 = ☐
37 + 2 = ☐

2 + 6 = ☐
32 + 6 = ☐

48 Les nombres jusqu'à 40

2 Additionnez.

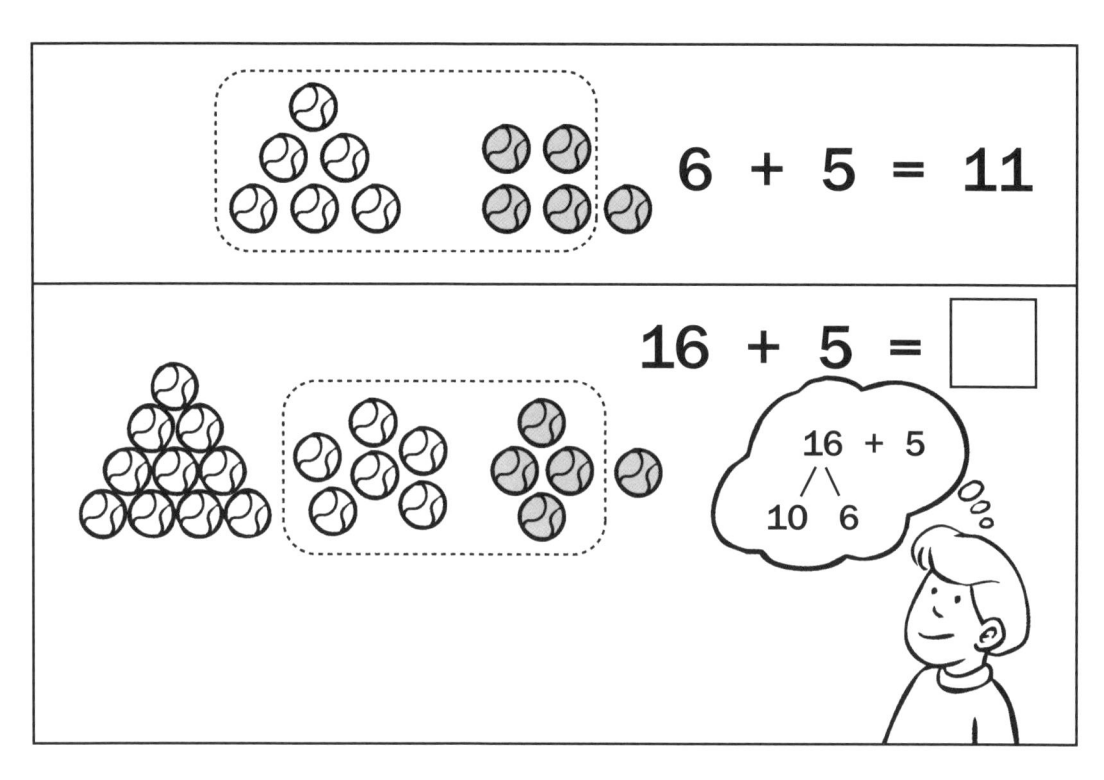

6 + 5 = 11

16 + 5 = ☐

16 + 5
/ \
10   6

7 + 3 = ☐ 17 + 3 = ☐	8 + 3 = ☐ 18 + 3 = ☐
6 + 6 = ☐ 26 + 6 = ☐	7 + 5 = ☐ 27 + 5 = ☐
9 + 5 = ☐ 29 + 5 = ☐	4 + 6 = ☐ 34 + 6 = ☐

Les nombres jusqu'à 40

Exercice 25

1 Faites les soustractions afin de mener le lapin à la carotte.

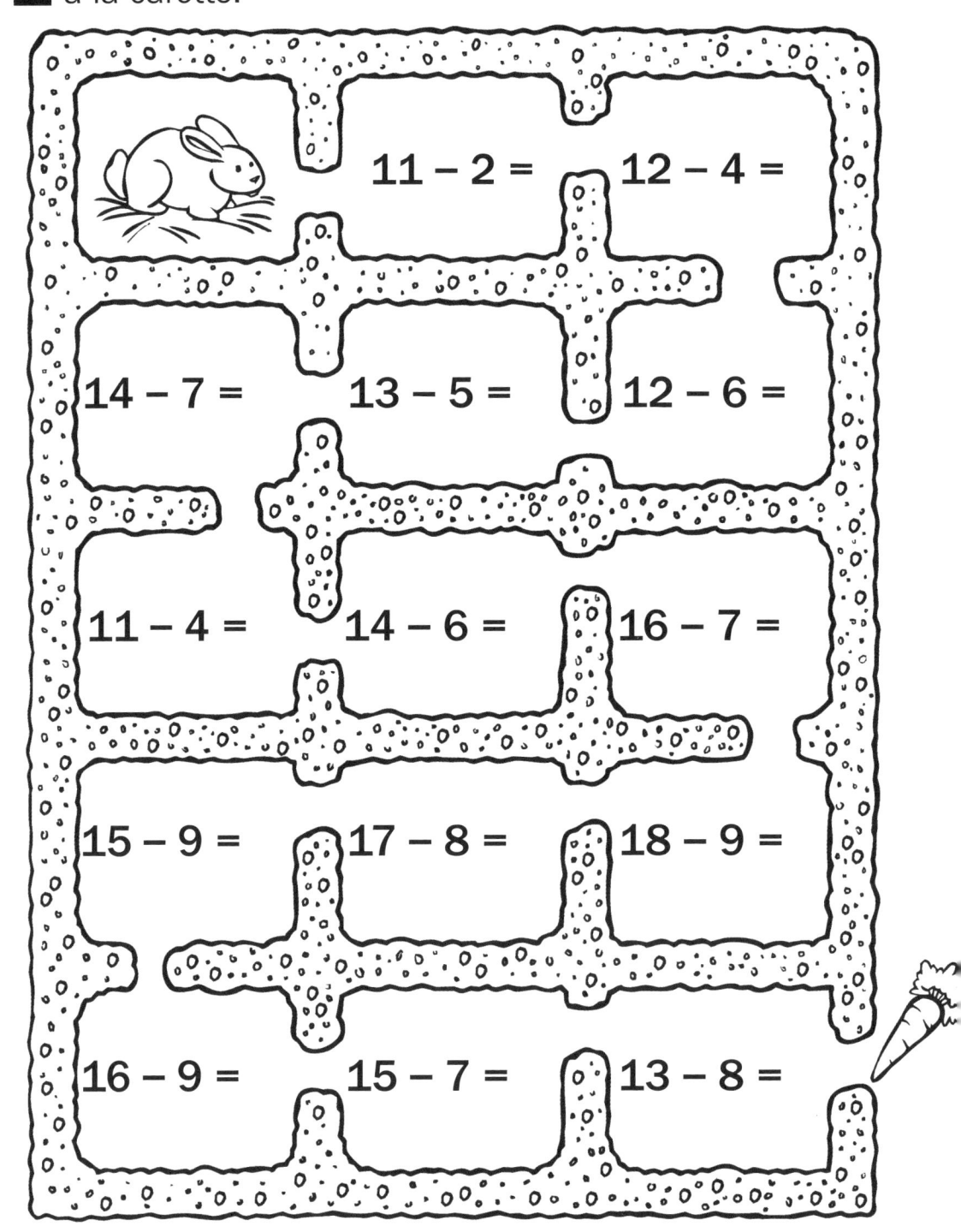

11 – 2 =   12 – 4 =

14 – 7 =   13 – 5 =   12 – 6 =

11 – 4 =   14 – 6 =   16 – 7 =

15 – 9 =   17 – 8 =   18 – 9 =

16 – 9 =   15 – 7 =   13 – 8 =

Les nombres jusqu'à 40

Exercice 26

1 Soustrayez.

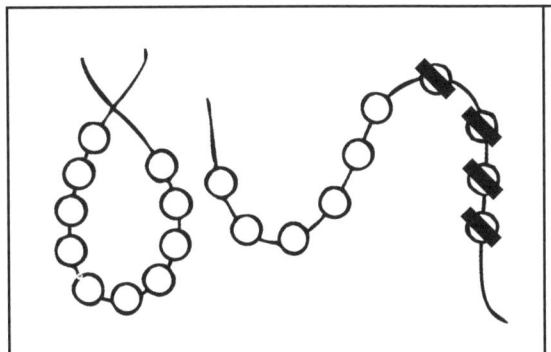

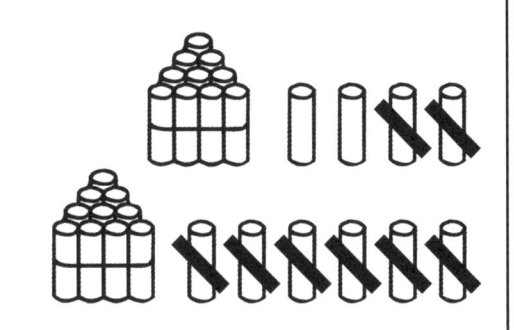

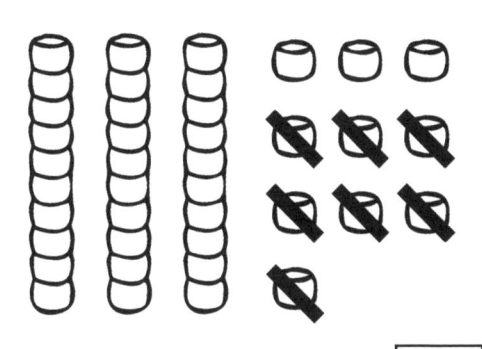

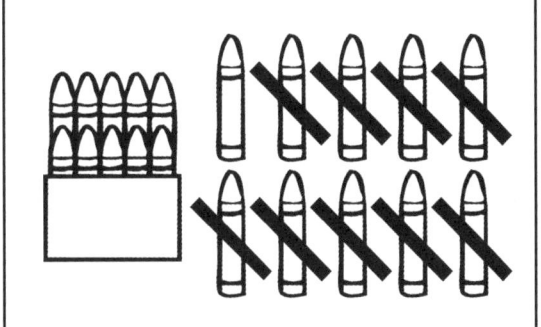

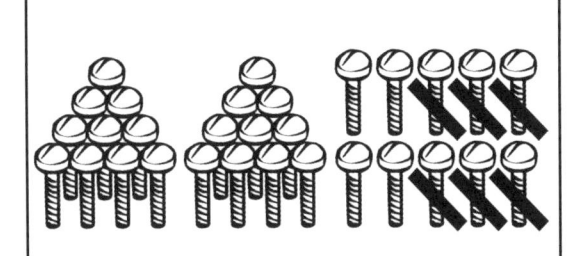

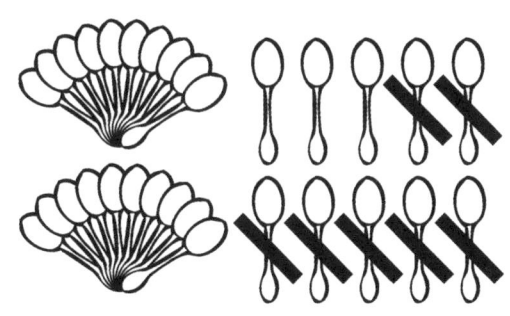

$20 - 4 = \boxed{}$

$30 - 8 = \boxed{}$

$40 - 7 = \boxed{}$

$20 - 9 = \boxed{}$

$30 - 6 = \boxed{}$

$30 - 7 = \boxed{}$

Les nombres jusqu'à 40

2 Soustrayez.

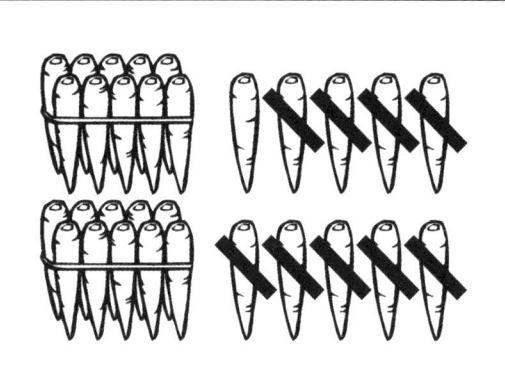

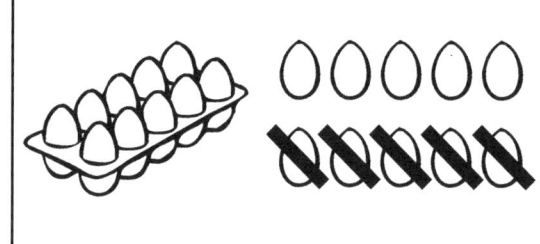

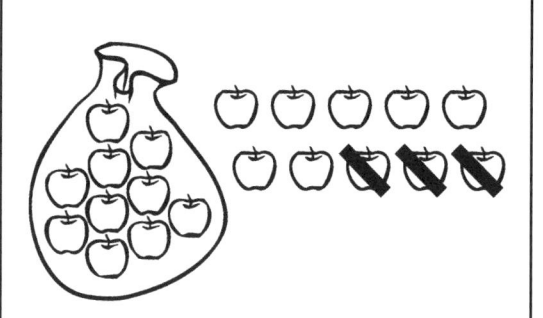

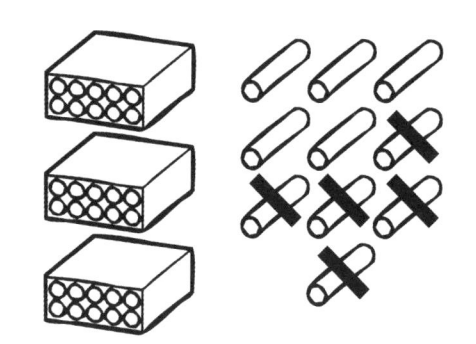

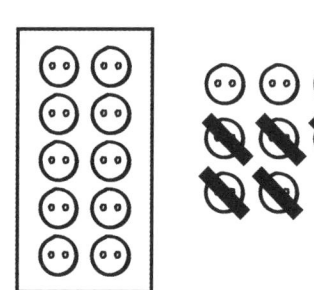

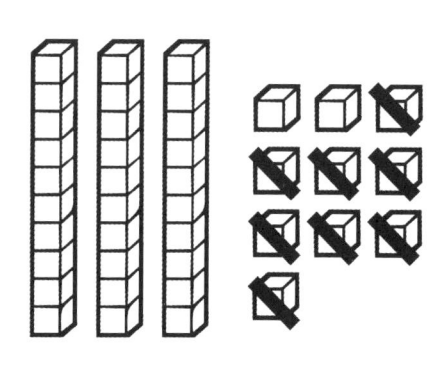

30 − 9 = ☐

20 − 5 = ☐

20 − 3 = ☐

40 − 5 = ☐

20 − 7 = ☐

40 − 8 = ☐

Exercice 27

1 Soustrayez.

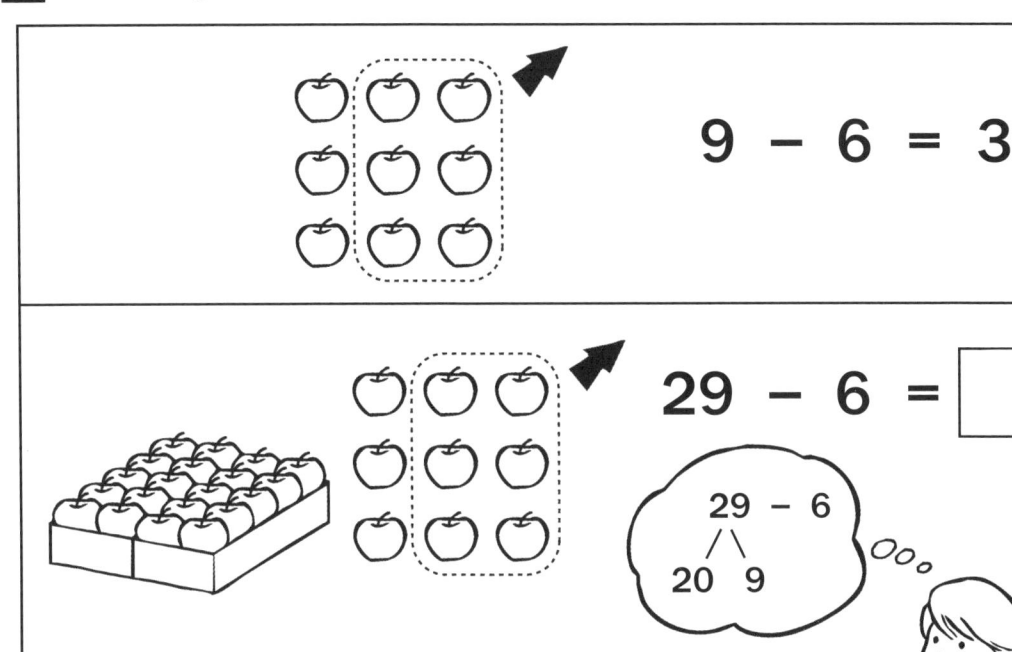

$9 - 6 = 3$

$29 - 6 = \square$

$29 - 6$
$20 \quad 9$

$8 - 5 = \square$
$38 - 5 = \square$

$6 - 4 = \square$
$26 - 4 = \square$

$5 - 3 = \square$
$25 - 3 = \square$

$9 - 7 = \square$
$39 - 7 = \square$

$7 - 3 = \square$
$37 - 3 = \square$

$8 - 6 = \square$
$28 - 6 = \square$

2 Soustrayez.

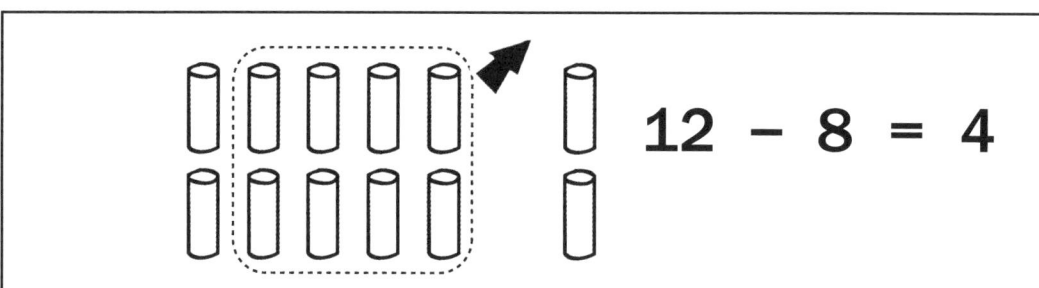

12 − 8 = 4

22 − 8 = ☐

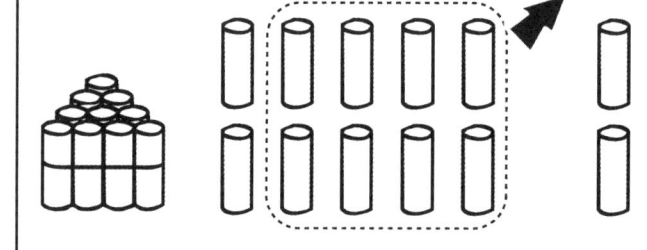

14 − 7 = ☐
34 − 7 = ☐

15 − 8 = ☐
25 − 8 = ☐

17 − 9 = ☐
27 − 9 = ☐

11 − 6 = ☐
21 − 6 = ☐

13 − 5 = ☐
33 − 5 = ☐

18 − 9 = ☐
38 − 9 = ☐

Exercice 28

1 Additionnez.

a

$3 + 1 + 2 = \square$

b

$3 + 2 + 4 = \square$

Les nombres jusqu'à 40

2 Additionnez.

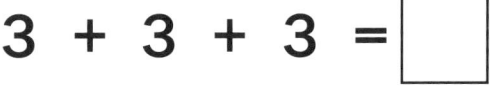

3 + 3 + 3 = ☐

4 + 3 + 5 = ☐

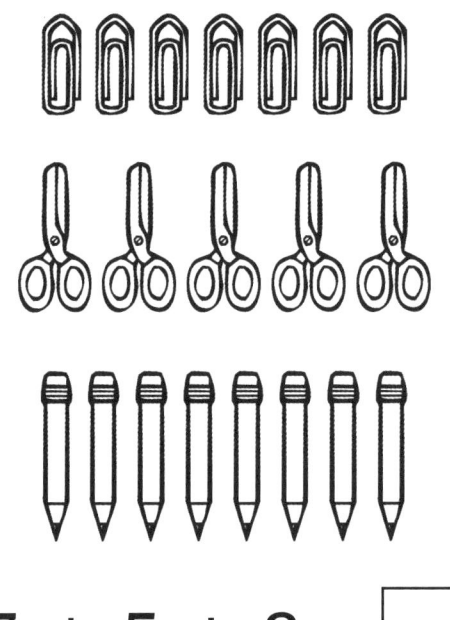

7 + 5 + 8 = ☐

3 + 5 + 2 = ☐

56 Les nombres jusqu'à 40

Exercice 29

1 Additionnez chaque ligne et chaque colonne de nombres.

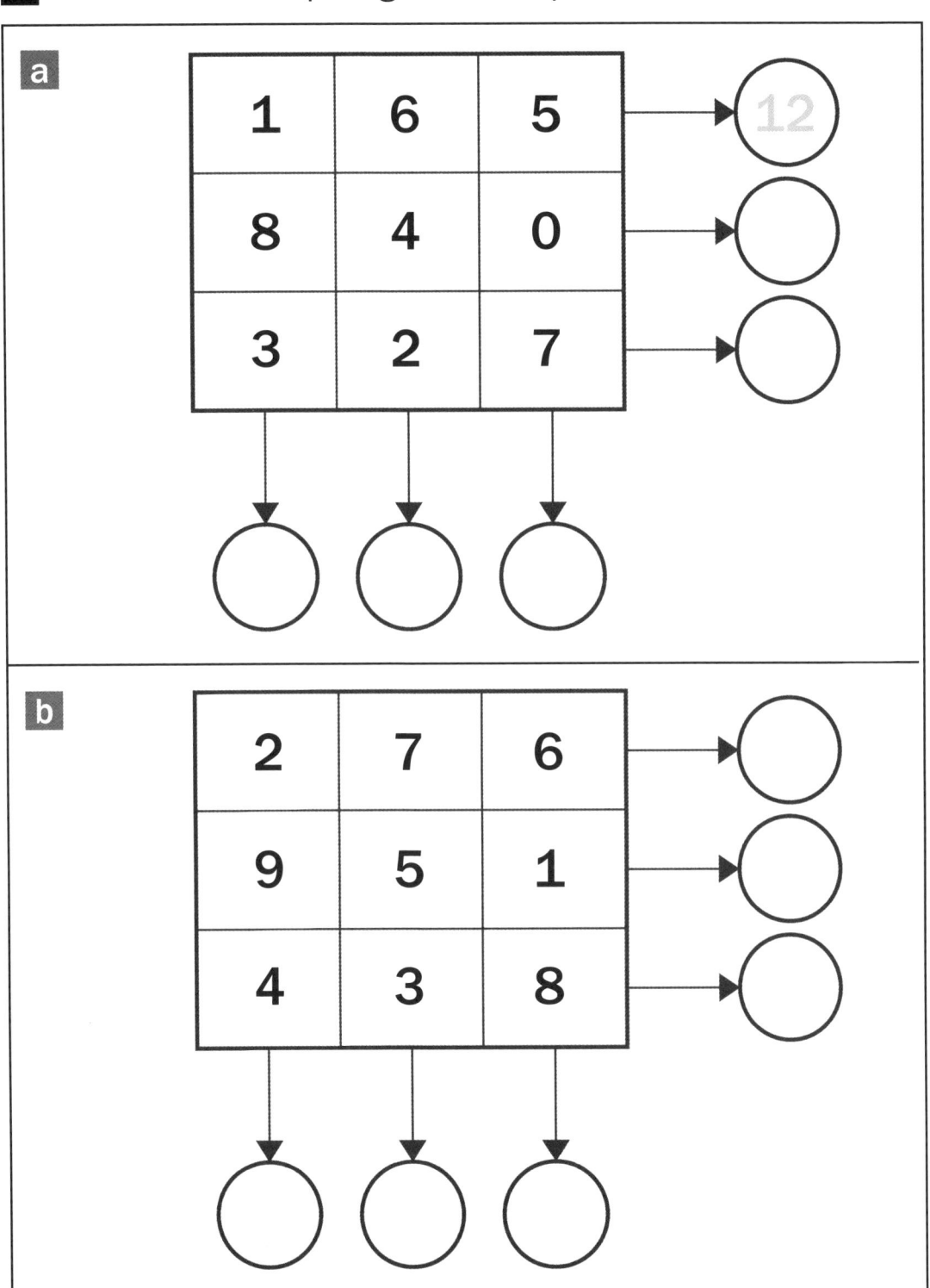

a

1	6	5
8	4	0
3	2	7

→ 12
→ ○
→ ○

b

2	7	6
9	5	1
4	3	8

→ ○
→ ○
→ ○

Les nombres jusqu'à 40

Révision 1

1 Écrivez le nombre d'éléments de chaque ensemble, puis reliez les nombres aux mots correspondants.

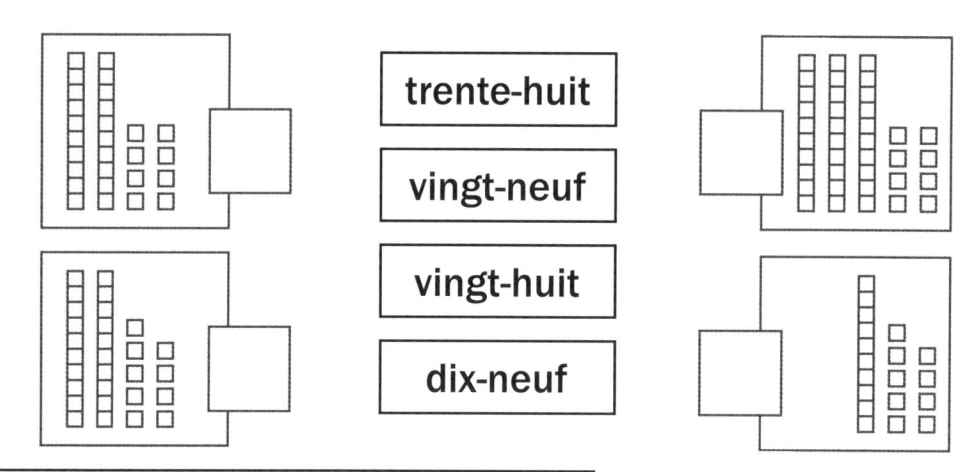

trente-huit

vingt-neuf

vingt-huit

dix-neuf

2 Complétez cette suite de nombres.

| 21 | 22 | | | 25 | | | | 29 |
| | | 33 | | | 36 | | | |

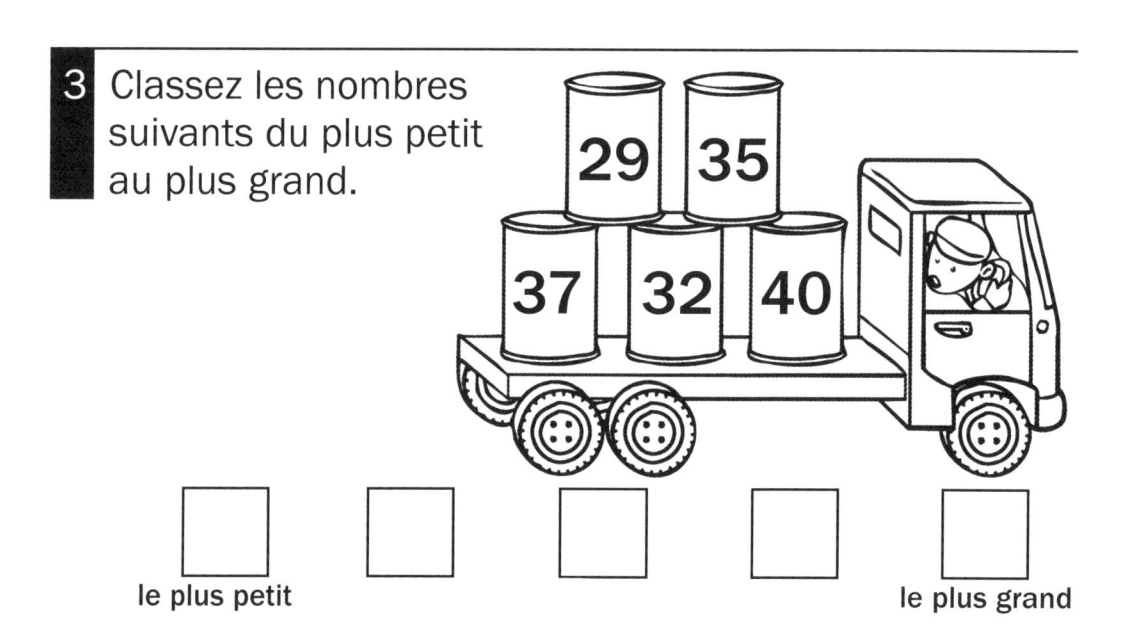

3 Classez les nombres suivants du plus petit au plus grand.

29 35 37 32 40

le plus petit   le plus grand

4 Complétez les phrases.

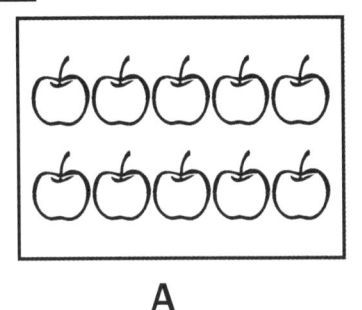

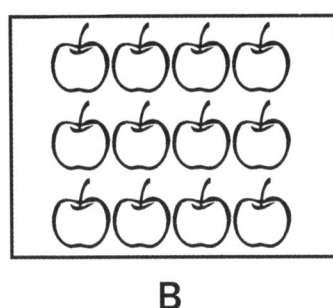

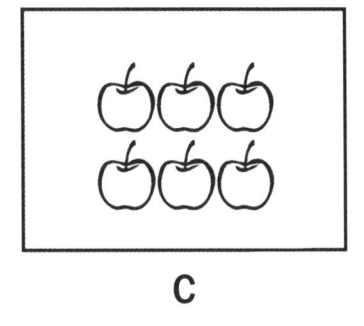

A B C

a L'ensemble A contient ☐ pommes de plus que l'ensemble C.

b Les ensembles A, B et C contiennent ☐ pommes en tout.

c L'ensemble ____ contient le moins de pommes.

5 Complétez.

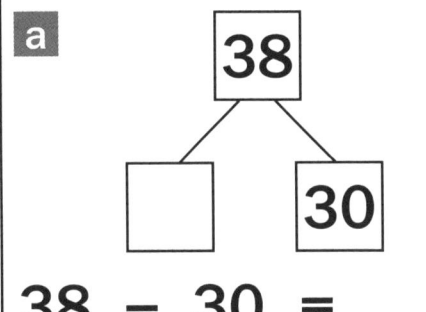

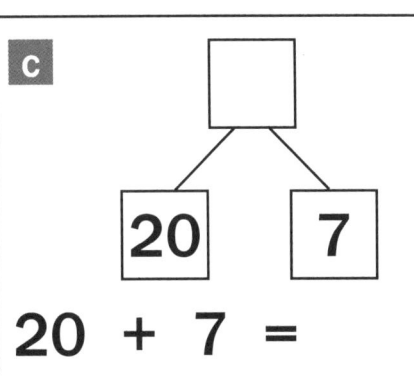

a
38
☐ 30
38 − 30 =

b 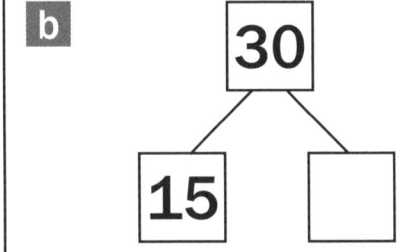
30
15 ☐
30 − 15 =

c
☐
20 7
20 + 7 =

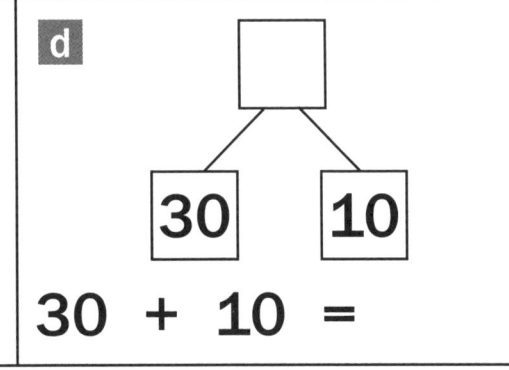

d
☐
30 10
30 + 10 =

Révision 1   59

6

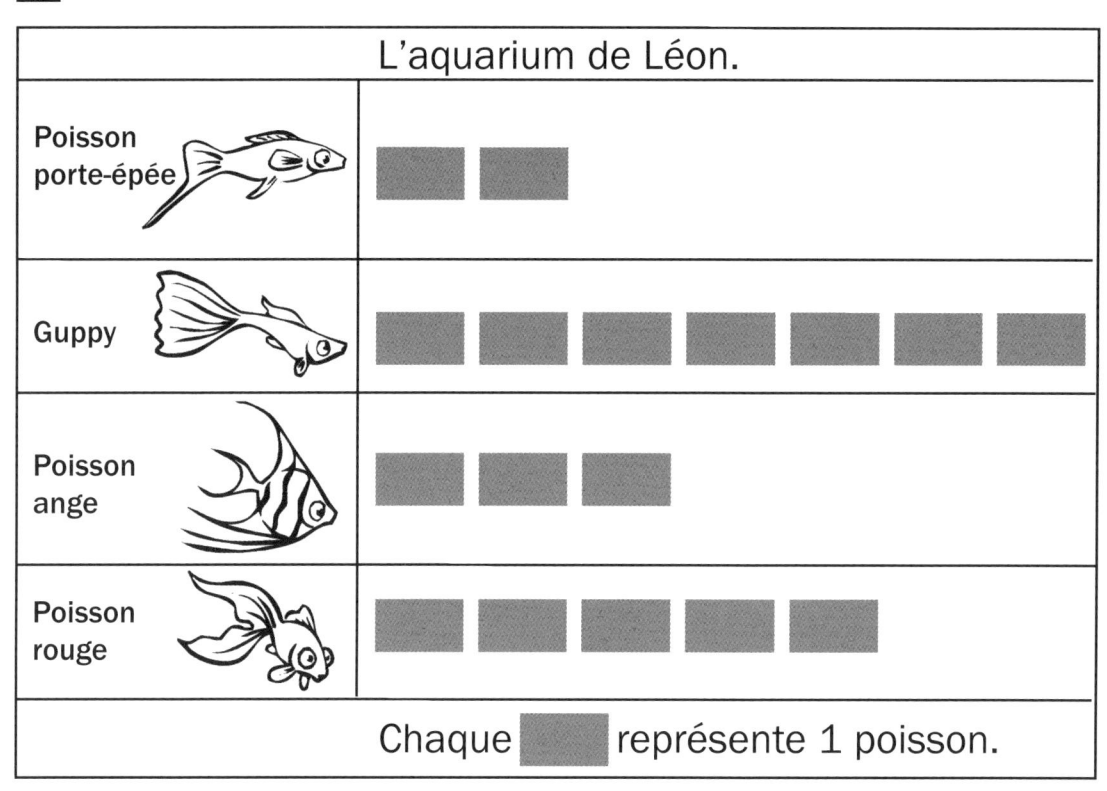

L'aquarium de Léon.	
Poisson porte-épée	▨ ▨
Guppy	▨ ▨ ▨ ▨ ▨ ▨ ▨
Poisson ange	▨ ▨ ▨
Poisson rouge	▨ ▨ ▨ ▨ ▨
Chaque ▨ représente 1 poisson.	

Complétez les phrases.

a Léon a ☐ guppies.

b Il a ☐ poissons rouges.

c Il a ☐ poissons rouges de plus que de poissons porte-épée.

d Il a ☐ poissons anges de moins que de guppies.

e Le nombre de _____ est le plus grand.

f Le nombre de _____ est le plus petit.

7 Résolvez ce problème :

Madame Dupont a acheté 14 poires et 6 oranges.
Combien de poires a-t-elle de plus que d'oranges ?

$$\Box \bigcirc \Box = \Box$$

Madame Dupont a $\Box$ poires de plus que d'oranges.

8 Résolvez ce problème :

Clément vend 6 crayons.
Il lui en reste 5.
Combien avait-il de crayons avant d'en vendre ?

Clément avait $\Box$ crayons.

9 Résolvez ce problème :

Alexandre a 8 soldats de plomb.
Il en achète 7 de plus.
Combien a-t-il de soldats désormais ?

Alexandre a désormais $\Box$ soldats de plomb.

Exercice 30

1 Écrivez les réponses.

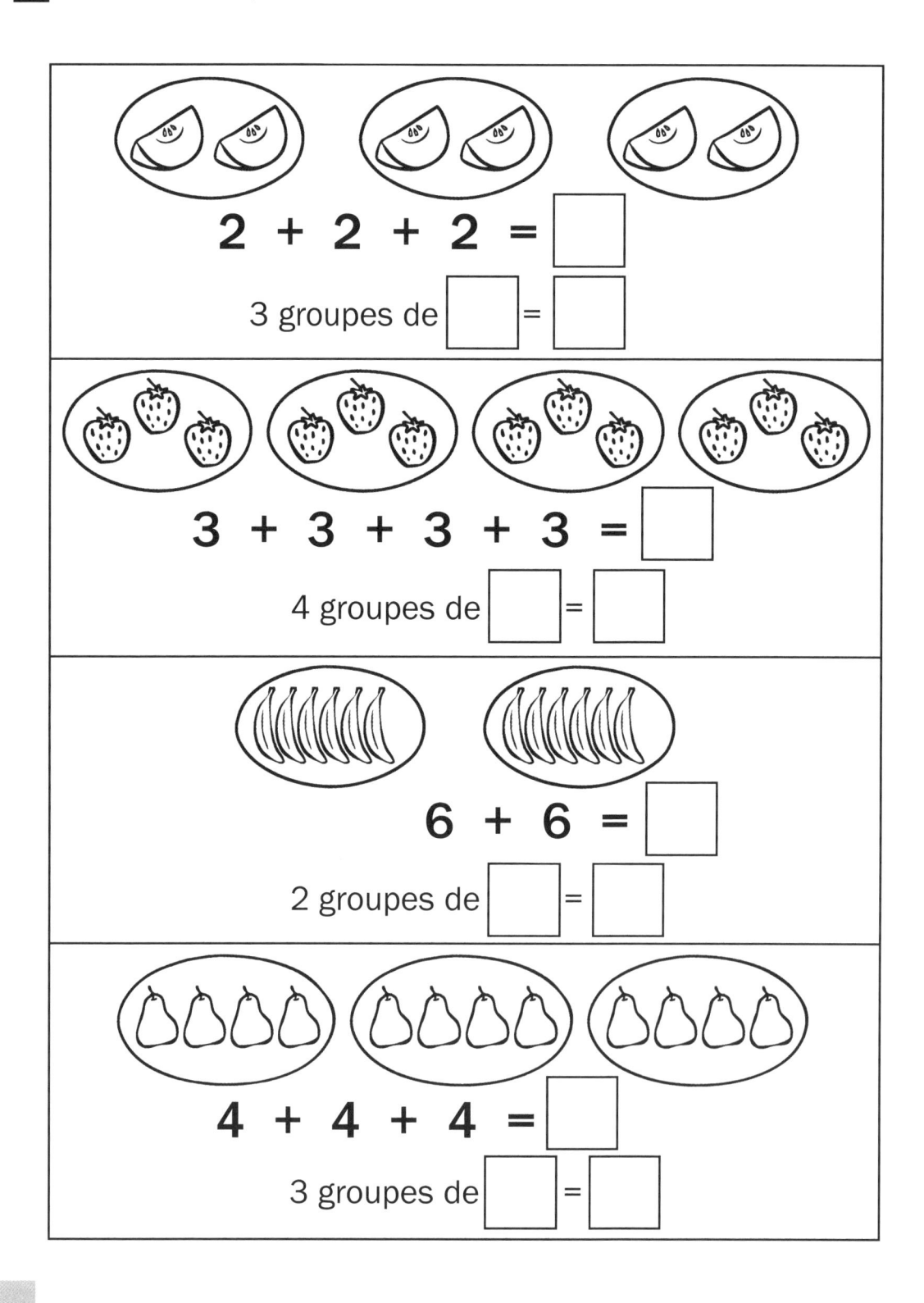

2 + 2 + 2 = ☐

3 groupes de ☐ = ☐

3 + 3 + 3 + 3 = ☐

4 groupes de ☐ = ☐

6 + 6 = ☐

2 groupes de ☐ = ☐

4 + 4 + 4 = ☐

3 groupes de ☐ = ☐

La multiplication

2 Complétez les dessins, puis écrivez les réponses.

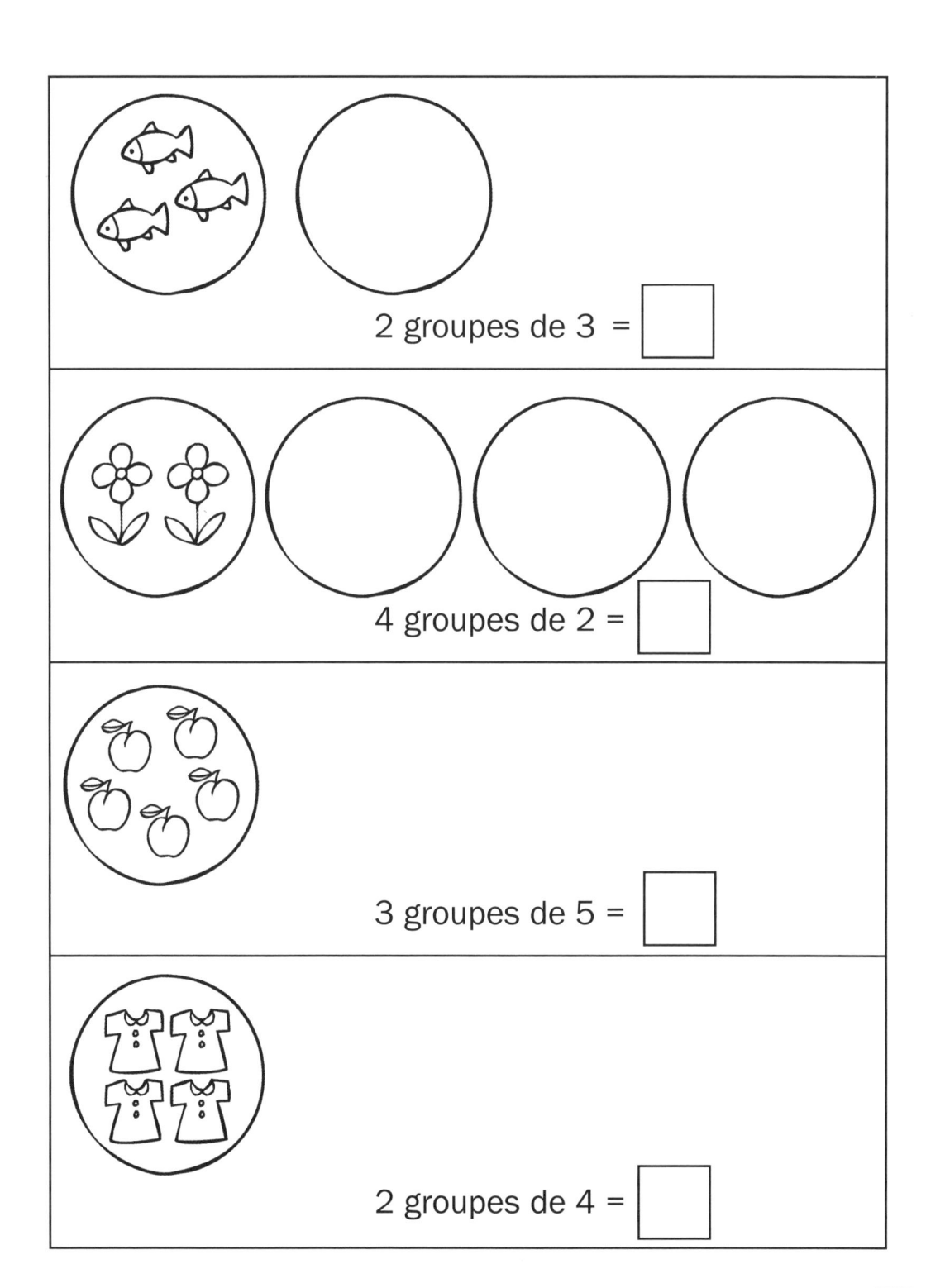

2 groupes de 3 = ☐

4 groupes de 2 = ☐

3 groupes de 5 = ☐

2 groupes de 4 = ☐

Exercice 31

1 Complétez les phrases.

a

Il y a ☐ crayons dans chaque groupe.

Il y a ☐ crayons en tout.

b

Il y a ☐ gâteaux dans chaque groupe.

Il y a ☐ gâteaux en tout.

c

Il y a ☐ carottes dans chaque groupe.

Il y a ☐ carottes en tout.

64 La multiplication

2 Complétez les dessins, puis les phrases.

a Il y a 2 poissons dans chaque aquarium.

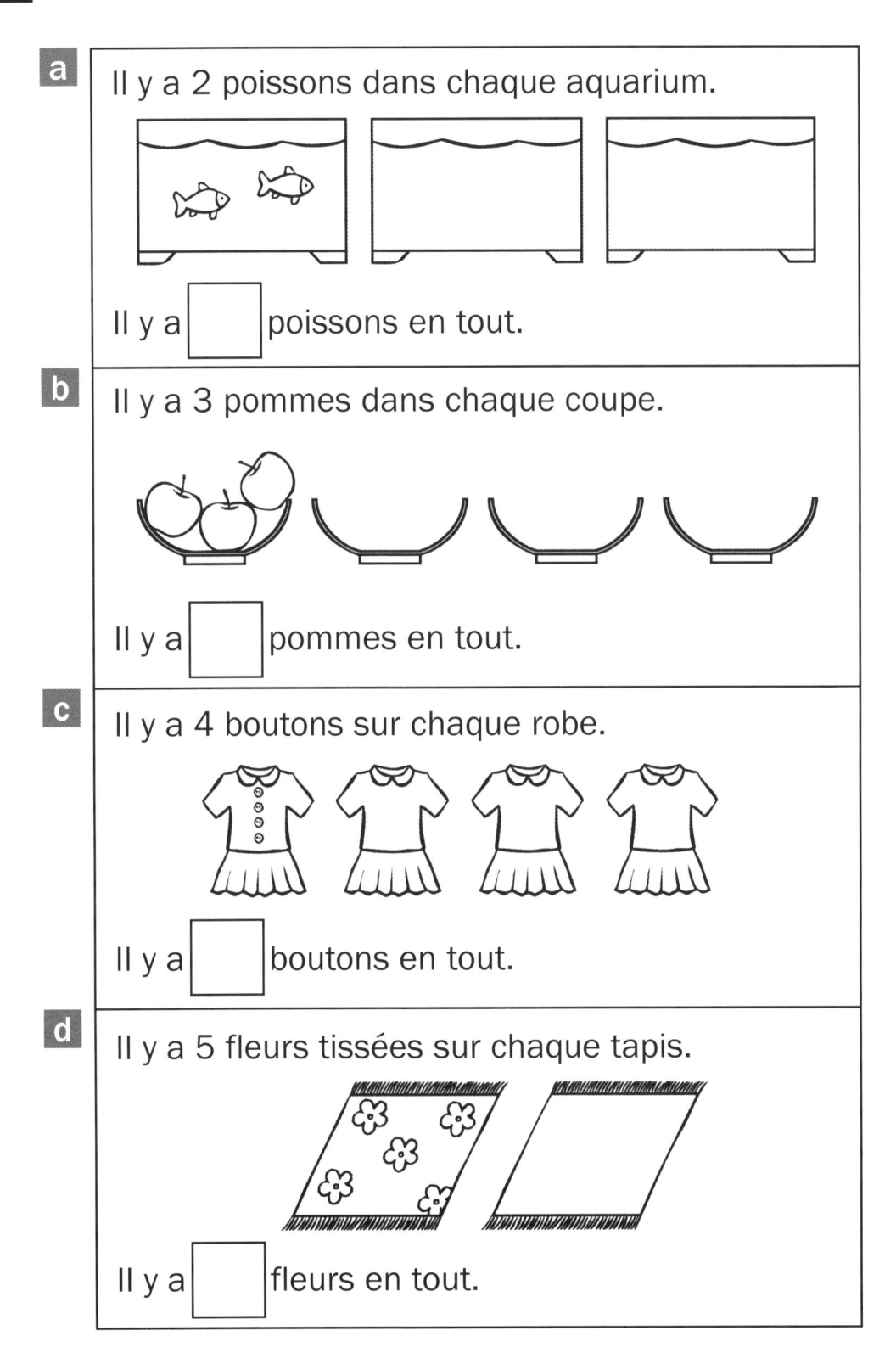

Il y a ☐ poissons en tout.

b Il y a 3 pommes dans chaque coupe.

Il y a ☐ pommes en tout.

c Il y a 4 boutons sur chaque robe.

Il y a ☐ boutons en tout.

d Il y a 5 fleurs tissées sur chaque tapis.

Il y a ☐ fleurs en tout.

La multiplication

Exercice 32

1 Complétez les phrases.

a

Il y a ☐ groupes de 5 piments.

Il y a ☐ piments en tout.

b

Il y a ☐ groupes de 6 boutons.

Il y a ☐ boutons en tout.

c

Il y a 5 groupes de ☐ fleurs.

Il y a ☐ fleurs en tout.

d

Il y a 6 groupes de ☐ feuilles.

Il y a ☐ feuilles en tout.

66 La multiplication

2 Complétez les dessins et les phrases.

a Dessinez 5 pommes dans chaque cercle.

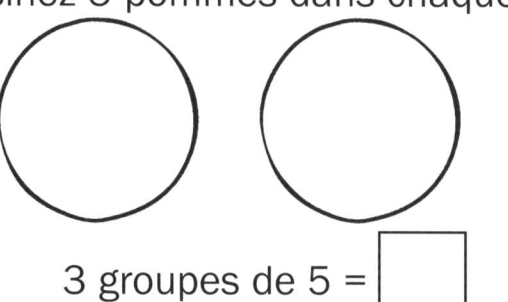

3 groupes de 5 = ☐

b Dessinez 3 bateaux dans chaque triangle.

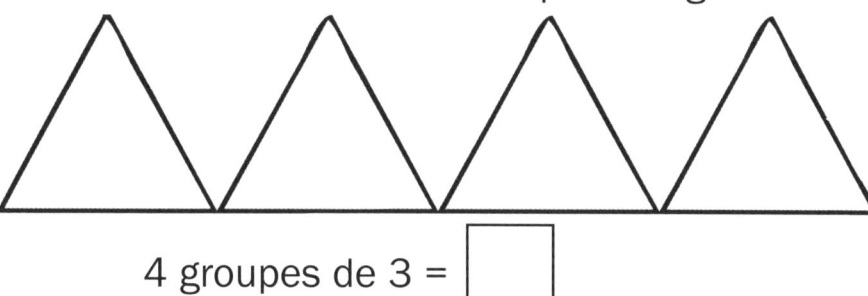

4 groupes de 3 = ☐

c Dessinez 4 étoiles dans chaque carré.

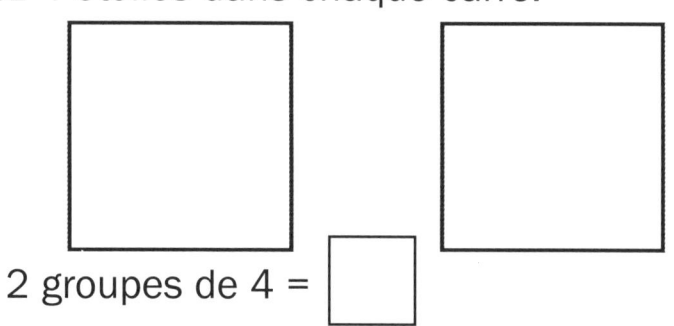

2 groupes de 4 = ☐

d Dessinez 2 fleurs dans chaque rectangle.

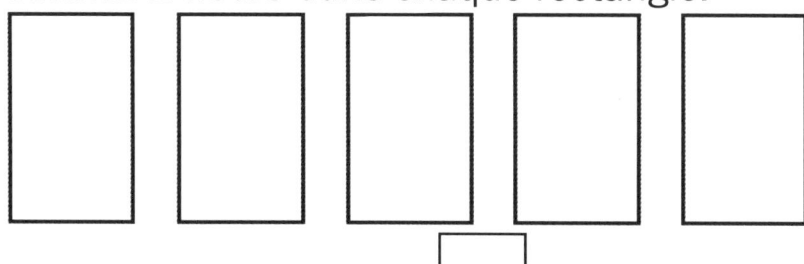

5 groupes de 2 = ☐

Exercice 33

1 Reliez chaque carte à son panier.

Cartes (gauche)	Paniers	Cartes (droite)
4 + 4 + 4 + 4 + 4	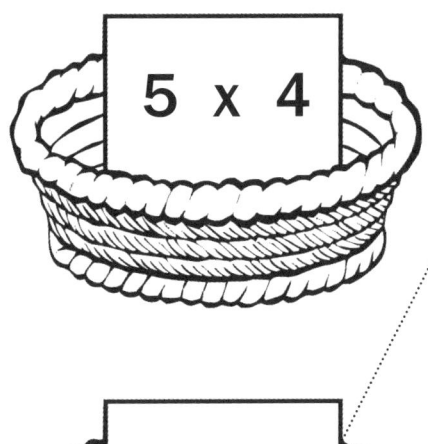 5 x 4	8 + 8 + 8
3 groupes de 8		5 groupes de 4
Multipliez 5 et 4	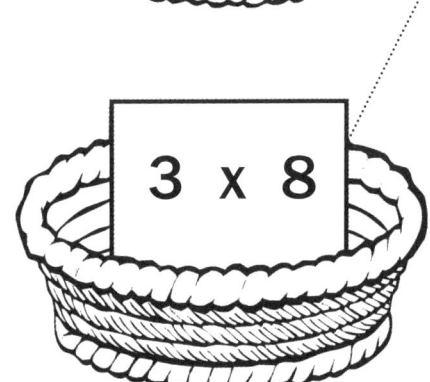 3 x 8	Multipliez 3 et 8
Multipliez 6 et 3	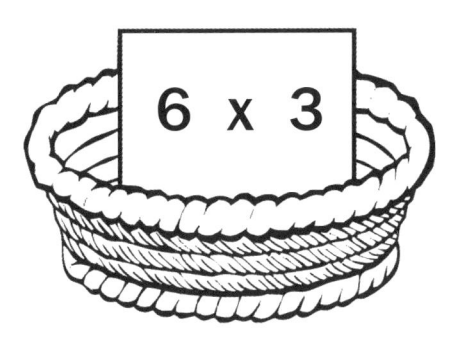 6 x 3	Multipliez 4 et 10
10 + 10 + 10 + 10		3+3+3+3+3+3
4 groupes de 10	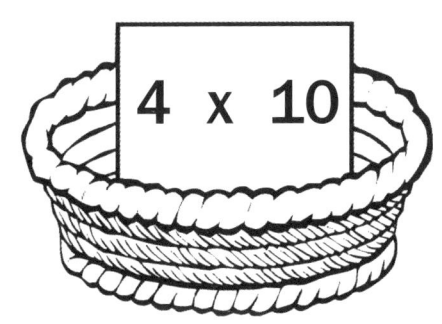 4 x 10	6 groupes de 3

68 La multiplication

2 Racontez une histoire de multiplication pour chacun de ces dessins, puis complétez l'opération.

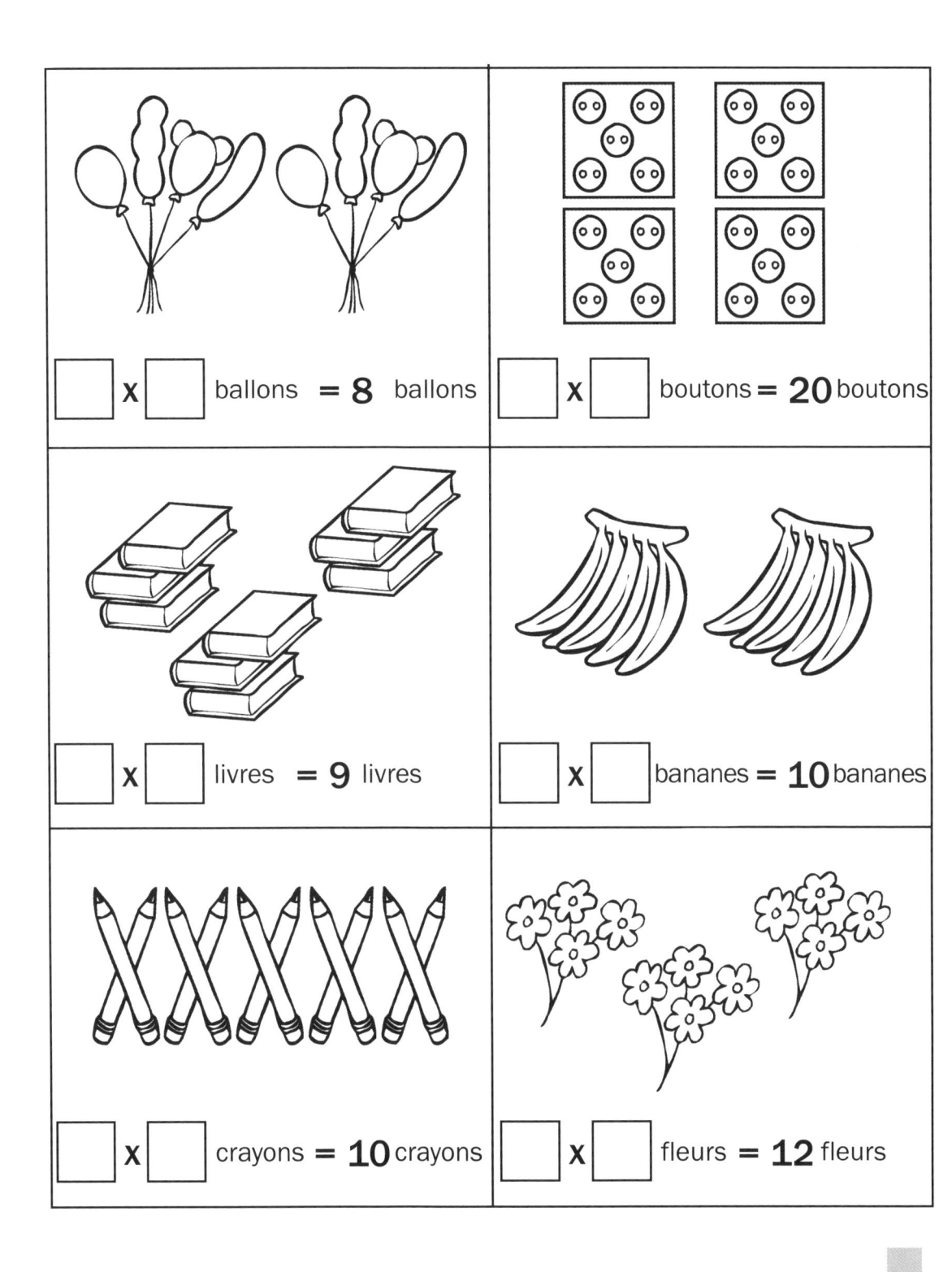

☐ x ☐ ballons = **8** ballons

☐ x ☐ boutons = **20** boutons

☐ x ☐ livres = **9** livres

☐ x ☐ bananes = **10** bananes

☐ x ☐ crayons = **10** crayons

☐ x ☐ fleurs = **12** fleurs

La multiplication 69

Exercice 34

1 Dessinez selon les indications données.

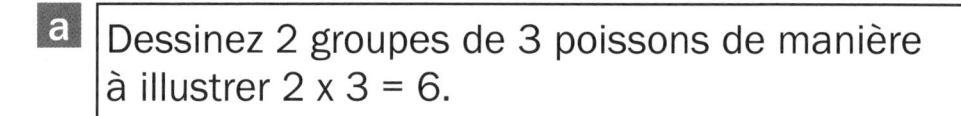

a Dessinez 2 groupes de 3 poissons de manière à illustrer 2 x 3 = 6.

b Dessinez des ballons de manière à illustrer 3 x 4 = 12.

c Dessinez des fleurs de manière à illustrer 4 x 5 = 20.

d Dessinez des pommes de manière à illustrer 6 x 2 = 12.

Exercice 35

1 Reliez chaque porte-clés à sa clé et écrivez les réponses.

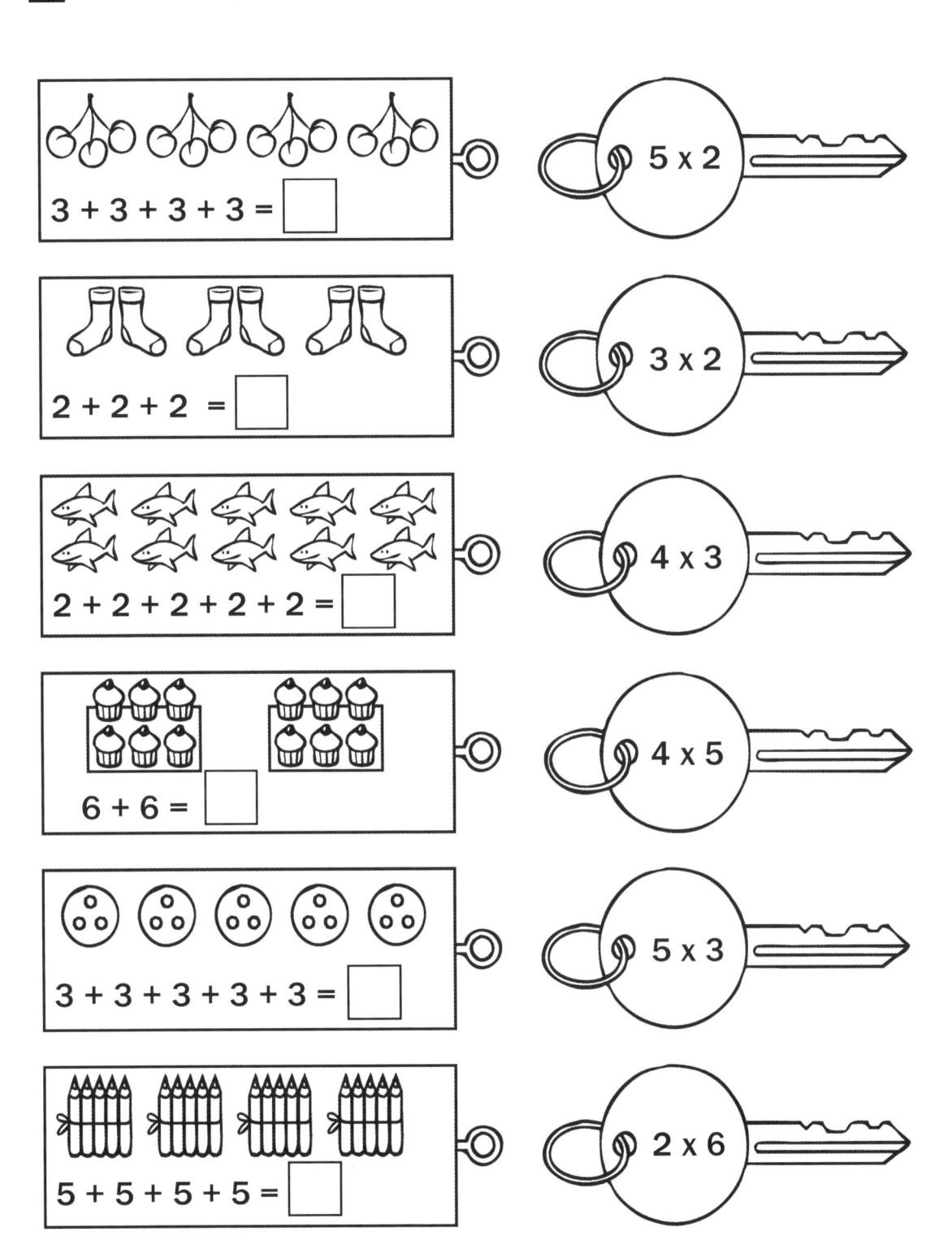

$3 + 3 + 3 + 3 = \square$

$2 + 2 + 2 = \square$

$2 + 2 + 2 + 2 + 2 = \square$

$6 + 6 = \square$

$3 + 3 + 3 + 3 + 3 = \square$

$5 + 5 + 5 + 5 = \square$

5×2

3×2

4×3

4×5

5×3

2×6

La multiplication

2 Écrivez les réponses.

a	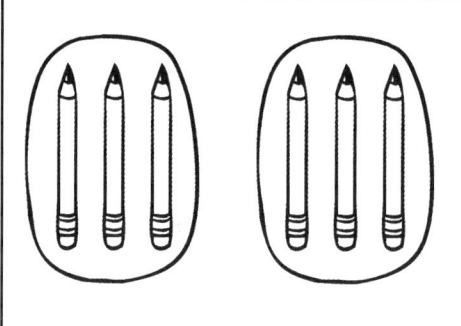 2 x 3 = ☐
b	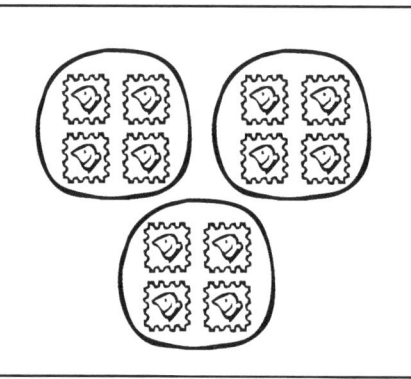 3 x 4 = ☐
c	 4 x 5 = ☐
d	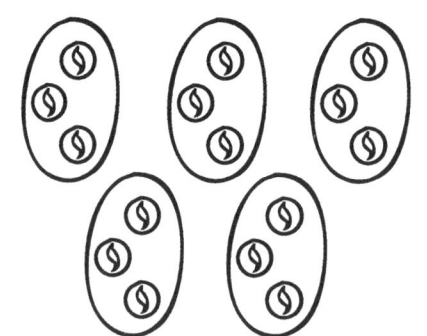 5 x 3 = ☐

3 Multipliez.

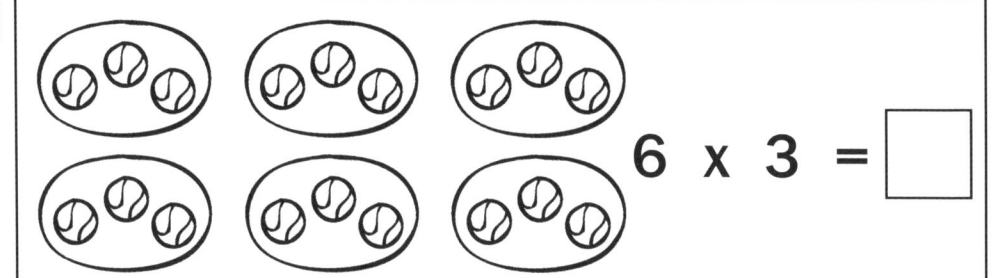

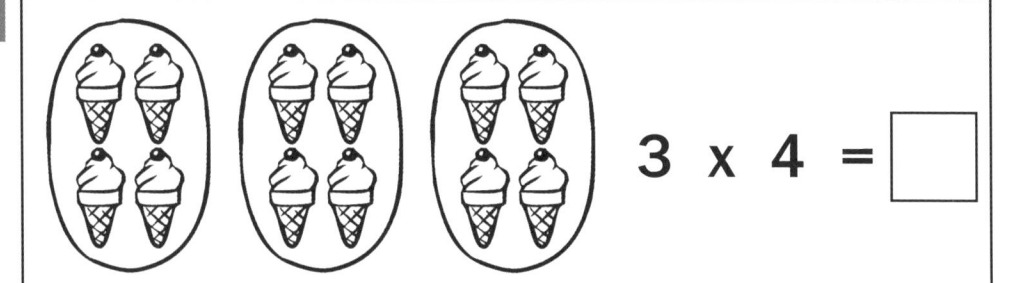

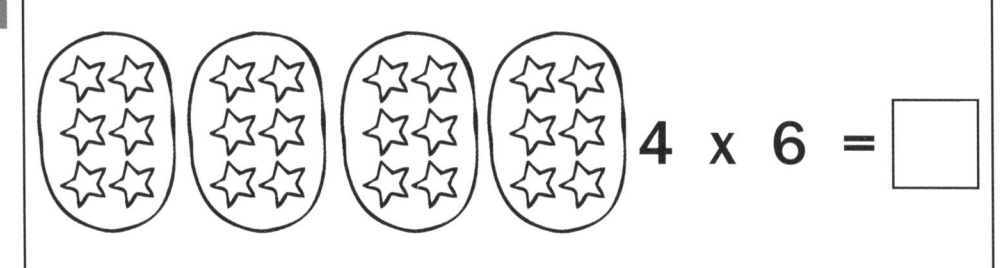

a 6 x 2 = ☐

b 6 x 3 = ☐

c 3 x 4 = ☐

d 4 x 6 = ☐

e 2 x 7 = ☐

Exercice 36

1 Complétez.

Combien y a-t-il de pommes en tout ?

□ ○ □ pommes = □ pommes

Il y a □ pommes en tout.

2 Complétez.

Combien y a-t-il de poissons en tout ?

□ ○ □ poissons = □ poissons

Il y a □ poissons en tout.

3 Complétez.

Combien y a-t-il de fourchettes en tout ?

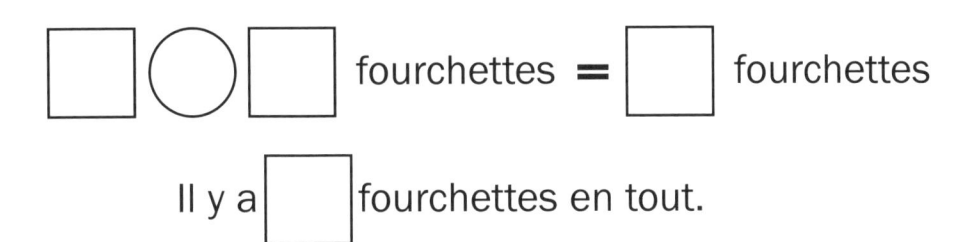

☐ ◯ ☐ fourchettes = ☐ fourchettes

Il y a ☐ fourchettes en tout.

4 Complétez.

Combien y a-t-il de timbres en tout ?

☐ ◯ ☐ timbres = ☐ timbres

Il y a ☐ timbres en tout.

La multiplication

5 Complétez la multiplication pour chacun des dessins suivants :

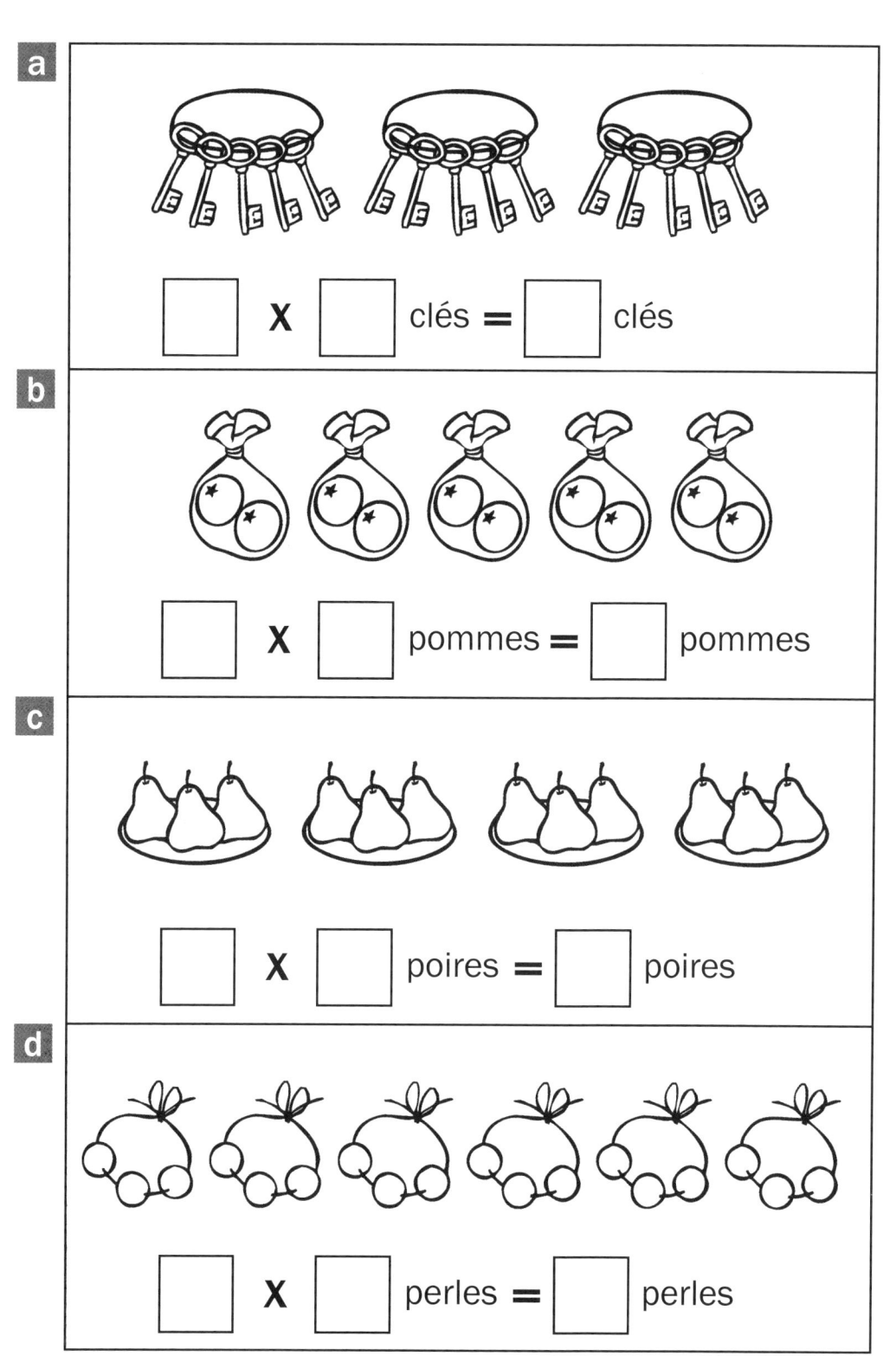

a

☐ X ☐ clés = ☐ clés

b

☐ X ☐ pommes = ☐ pommes

c

☐ X ☐ poires = ☐ poires

d

☐ X ☐ perles = ☐ perles

Révision 2

1 Écrivez le nombre d'éléments de chaque ensemble.

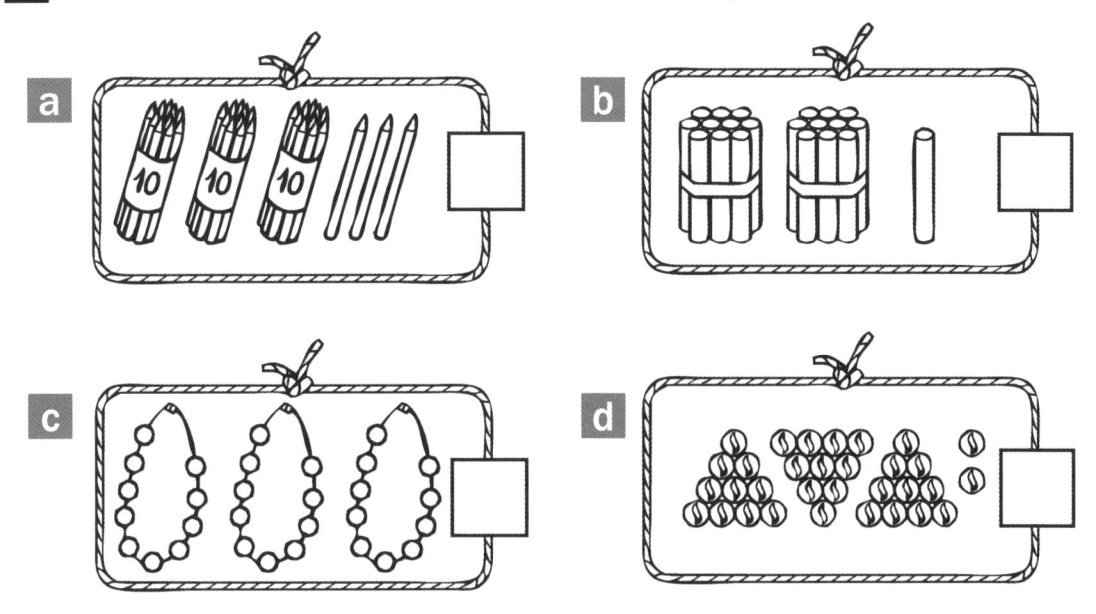

a ☐

b ☐

c ☐

d ☐

2 Dessinez, puis complétez la phrase.

David a 4 billes.
Romain a 2 billes de plus que David.
Dessinez les billes de Romain.

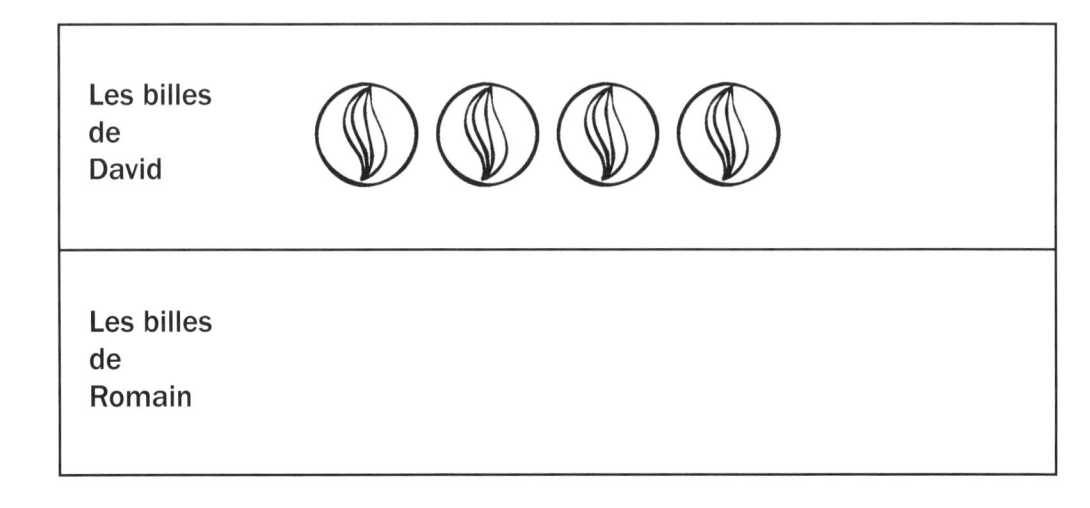

Les billes de David	◯ ◯ ◯ ◯
Les billes de Romain	

Romain a ☐ billes.

3 Multipliez.

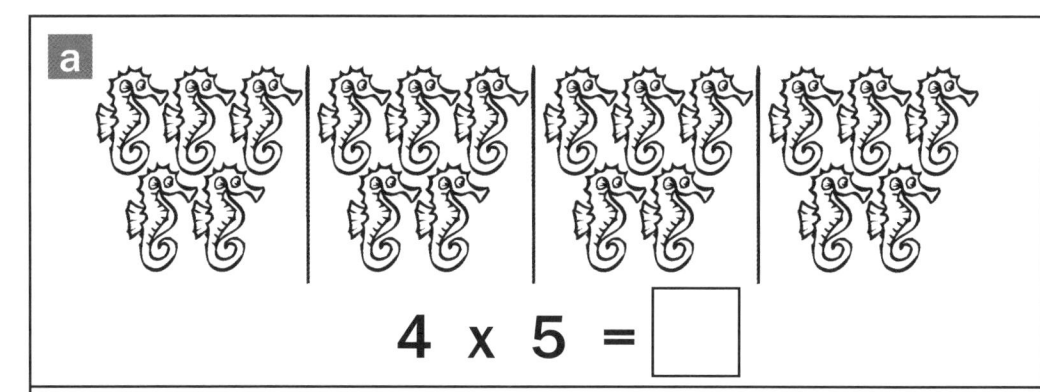

a 4 x 5 = ☐

b 4 x 3 = ☐

c 3 x 7 = ☐

d 4 x 6 = ☐

4 On a demandé à chaque élève d'une classe de CP de dire quel était son fruit préféré. Le tableau ci-dessous rassemble les réponses de la classe.

Banane	Orange	Poire	Pomme	Ananas
4	3	6	7	4

Complétez les phrases.

a Il y a ☐ enfants en tout dans la classe.

b ☐ enfants préfèrent la banane.

c Le fruit le plus apprécié est _____.

d Le fruit le moins apprécié est _____.

e La poire est préférée par ☐ élèves de plus que l'ananas.

f L'orange est préférée par ☐ élèves de moins que la pomme.

5 Résolvez ce problème :

Les fleurs d'Anaïs

Les fleurs de Jade

Combien de fleurs Jade a-t-elle de plus qu'Anaïs ?

☐ ◯ ☐ = ☐

Jade a ☐ fleurs de plus qu'Anaïs.

6 Résolvez ce problème :

Gaëlle a 5 canettes de jus d'orange.
Elle en achète 7 de plus.
Combien en a–elle désormais ?

Gaëlle a désormais ☐ canettes.

7 Résolvez ce problème :

Charlotte ramasse 17 coquillages.
Elle en jette 5.
Combien lui en reste-t-il ?

Il lui reste ☐ coquillage.

Révision 3

1 Calculez.

a
4 + 6 = ☐
14 + 6 = ☐
24 + 6 = ☐
34 + 6 = ☐

b
10 − 7 = ☐
20 − 7 = ☐
30 − 7 = ☐
40 − 7 = ☐

c
8 + 10 = ☐
8 + 20 = ☐
8 + 30 = ☐

d
39 − 10 = ☐
39 − 20 = ☐
39 − 30 = ☐

2 Complétez.

a

| Les billes de Jean  |
| Les billes de Pierre  |

_____ a plus de billes.

Il a ☐ billes de plus que _____.

b

| Les lits  |
| Les garçons  |

Il y a ☐ lits de moins que de garçons.

3 Suivez les instructions suivantes :

   a Entourez le nombre le plus grand.

   b Barrez le nombre le plus petit.

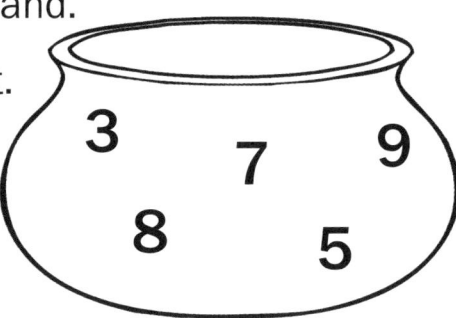

      3   7   9

        8   5

---

4 Complétez les suites logiques.

  a 25, 26, ☐, ☐, 29, ☐, ☐, 32.

  b 2, 4, 6, 8, ☐, ☐, ☐, ☐.

  c 5, 10, 15, ☐, ☐, 30, ☐, ☐.

---

5 Complétez les phrases.

  a 6 de plus que 30, c'est ☐.

  b 10 de plus que 22, c'est ☐.

  c 2 de moins que 40, c'est ☐.

  d 10 de moins que 36, c'est ☐

82 Révision 3

6 Complétez les opérations suivantes :

a

8 + 6 = ☐

b

2 x 5 = ☐

c

16 − 9 = ☐

d

6 x 3 = ☐

Révision 3

7 Résolvez ce problème :

19 enfants sont en train de jouer.
6 d'entre eux sautent à la corde.
Combien jouent à autre chose ?

☐ enfants jouent à un autre jeu que le saut à la corde.

8 Résolvez ce problème :

Il y a 9 gâteaux en tout.
4 gâteaux sont sortis.
Combien en reste-t-il dans la boîte ?

☐ gâteaux sont dans la boîte.

9 Résolvez ce problème :

Il y a 5 voitures bleues.
Il y a 4 voitures jaunes.
Il y a 2 voitures rouges.
Combien y a-t-il de voiture en tout ?

Il y a ☐ voitures en tout.

Révision 4

1 Suivez les instructions.

a Additionnez ou soustrayez.

20 + 14 = ☐
34 − 20 = ☐
34 − 14 = ☐
14 + 20 = ☐

b Multipliez.

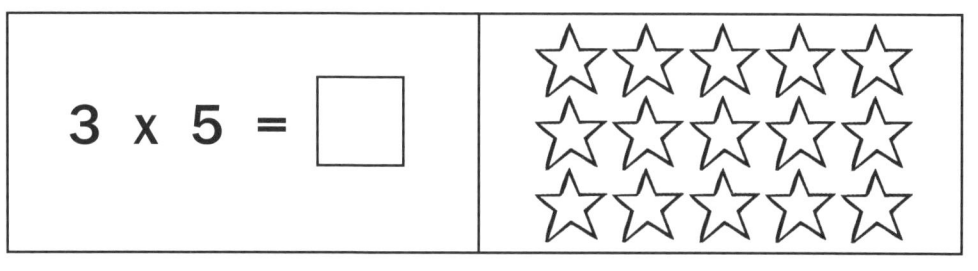

3 x 5 = ☐

2 Tracez à la règle deux lignes droites de manière à diviser ce carré en un rectangle et deux triangles.

3
a Coloriez le 3ᵉ ballon à partir de la droite.

b Barrez le 5ᵉ ballon à partir de la gauche.

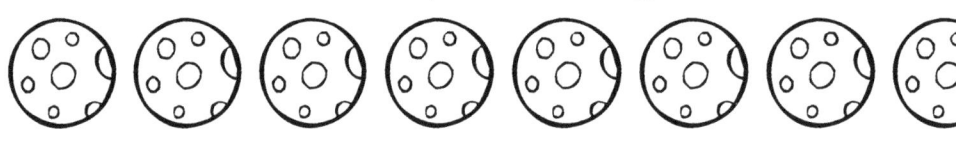

4
Complétez les phrases.

a 1 de plus que 7, c'est ☐.

b 1 de moins que 7, c'est ☐.

5
Classez les rubans A, B, C et D du plus court au plus long.

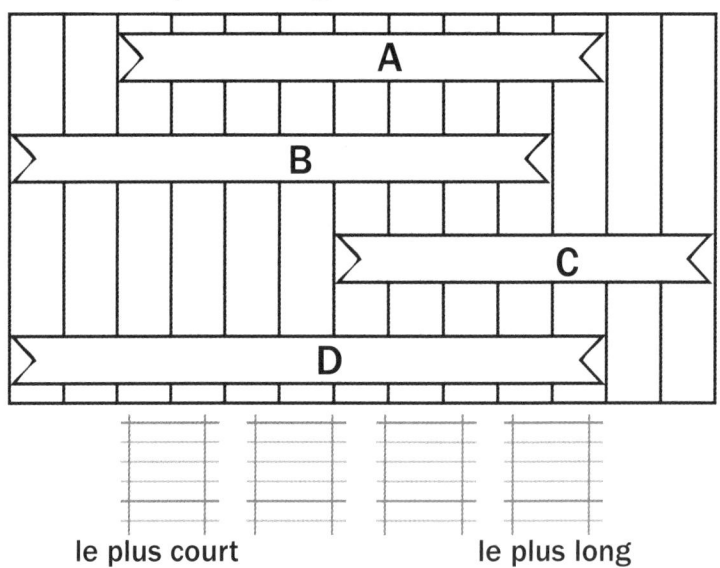

le plus court le plus long

6
Cochez le fruit le plus lourd.

Poire	
Pomme	

7

Combien y a-t-il de poissons en tout ?

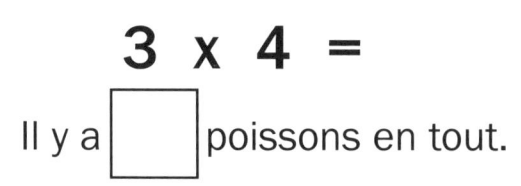

$$3 \times 4 =$$

Il y a ☐ poissons en tout.

8 Complétez.

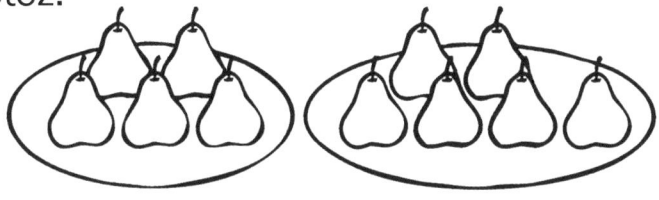

Combien y a-t-il de poires en tout ?

$$5 + 6 =$$

Il y a ☐ poires en tout.

9 Complétez.

Combien y a-t-il de canards de plus que de poussins ?

$$8 - 6 =$$

Il y a ☐ canards de plus que de poussins.

10 Résolvez ce problème :

Benjamin a attrapé 11 papillons.
David a attrapé 9 papillons.
Combien de papillons Benjamin a-t-il attrapés de plus que David ?

Benjamin a attrapé ☐ papillons de plus que David.

11 Résolvez ce problème :

Lisa a 8 poupées.
Elle en donne 5.
Combien lui en reste-t-il ?

Il lui reste ☐ poupées.

12 Résolvez ce problème :

Justine voudrait 12 boutons pour sa robe.
Elle en a déjà 8.
Combien lui en faut-il de plus ?

Il lui faut ☐ boutons de plus.

Exercice 37

1 Complétez les phrases.

a

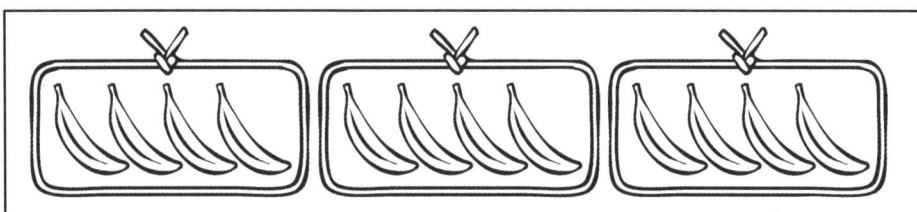

Les bananes sont également réparties en ☐ groupes.

Il y a ☐ bananes dans chaque groupe.

b

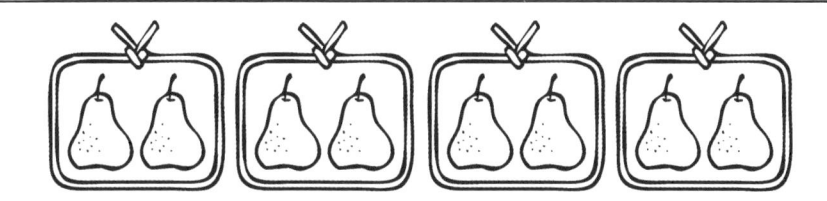

Les poires sont également réparties en ☐ groupes.

Il y a ☐ poires dans chaque groupe.

c

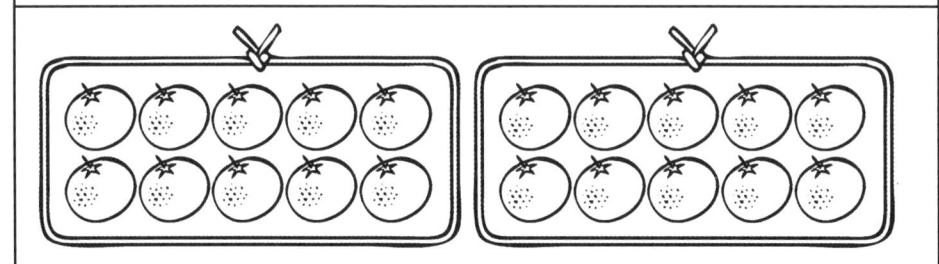

Les clémentines sont également réparties en ☐ groupes.

Il y a ☐ clémentines dans chaque groupe.

2 Dessinez, puis complétez les phrases.

a Dessinez un nombre égal d'œufs dans chaque nid.

Il y a ☐ œufs dans chaque nid.

b Dessinez un nombre égal de gâteaux sur chaque plat.

Il y a ☐ gâteaux sur chaque plat.

c Dessinez un nombre égal de verres sur chaque plateau.

Il y a ☐ verres sur chaque plateau.

Exercice 38

1 Complétez les phrases.

a Répartissez 18 poires en 3 groupes égaux.

Il y a ☐ poires dans chaque groupe.

b Répartissez 14 biscuits en 2 groupes égaux.

Il y a ☐ biscuits par groupe.

c Répartissez 12 crayons en 4 groupes égaux.

Il y a ☐ crayons par groupe.

d Répartissez 16 crayons en 2 groupes égaux.

Il y a ⬚ crayons par groupe.

e Répartissez 12 fleurs en 3 groupes égaux.

Il y a ⬚ fleurs par groupe.

f Répartissez 15 poissons en 3 groupes égaux.

Il y a ⬚ poissons par groupe.

Exercice 39

1 Complétez les phrases.

a Il y a 10 enfants.
Regroupez-les par groupes de 2.

Il y a ☐ groupes de 2 enfants.

b Il y a 18 bateaux.
Regroupez-les par groupes de 3.

Il y a ☐ groupes de 3 bateaux.

c Il y a 24 poires.
Regroupez-les par groupes de 4.

Il y a ☐ groupes de 4 poires.

2 Complétez les phrases.

a

Mélanie a ramassé 15 oursins.

Elle les regroupe par 3.

Elle compose ☐ groupes d'oursins.

b

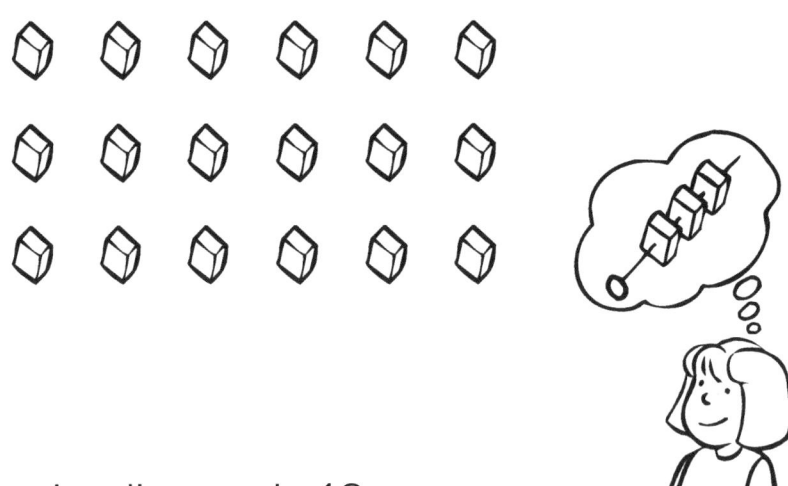

Louise dispose de 18 morceaux de viande pour faire des brochettes.

Elle en met 3 par brochette.

Elle fait ☐ brochettes.

Exercice 40

1 Complétez les phrases.

a

2 fillettes partagent entre elles 10 perles en nombre égal.

Combien chaque fillette aura-t-elle de perles ?

Chaque fillette aura ☐ perles.

b

4 enfants partagent 12 biscuits entre eux de manière égale.

Combien chaque enfant aura-t-il de biscuits ?

Chaque enfant aura ☐ biscuits.

2 Complétez la phrase.

Divisez 12 cartes en 3 groupes égaux.
Combien y a-t-il de cartes dans chaque groupe ?

Il y a ☐ cartes dans chaque groupe.

3 Complétez la phrase.

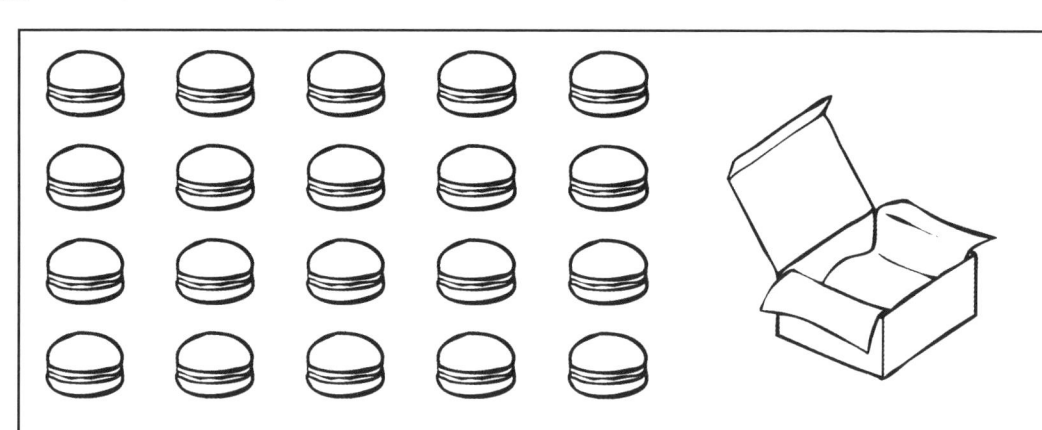

Manon a fait 20 macarons.
Elle veut en mettre 4 par boîte.
De combien de boîtes a-t-elle besoin ?

Elle a besoin de ☐ boîtes.

Exercice 41

1 Répondez par vrai ou faux.

a La pastèque est coupée en deux moitiés.

b La pizza est coupée en deux moitiés.

c La partie grisée représente la moitié du grand triangle.

d La partie grisée représente un quart de la figure.

Les moitiés et les quarts

2 Répondez par vrai ou faux.

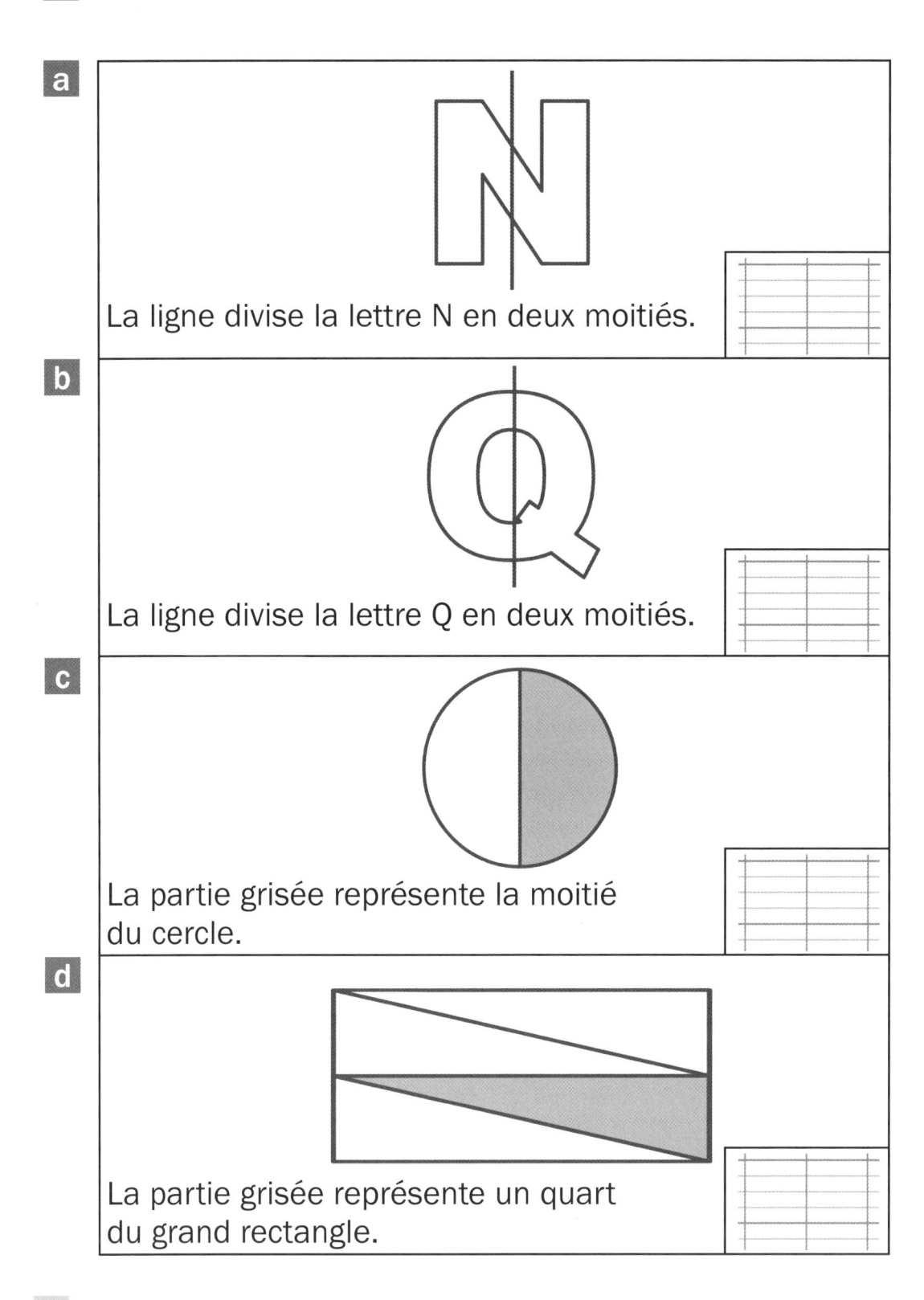

a La ligne divise la lettre N en deux moitiés.

b La ligne divise la lettre Q en deux moitiés.

c La partie grisée représente la moitié du cercle.

d La partie grisée représente un quart du grand rectangle.

Exercice 42

1 Coloriez une moitié de chacune de ces figures.

a

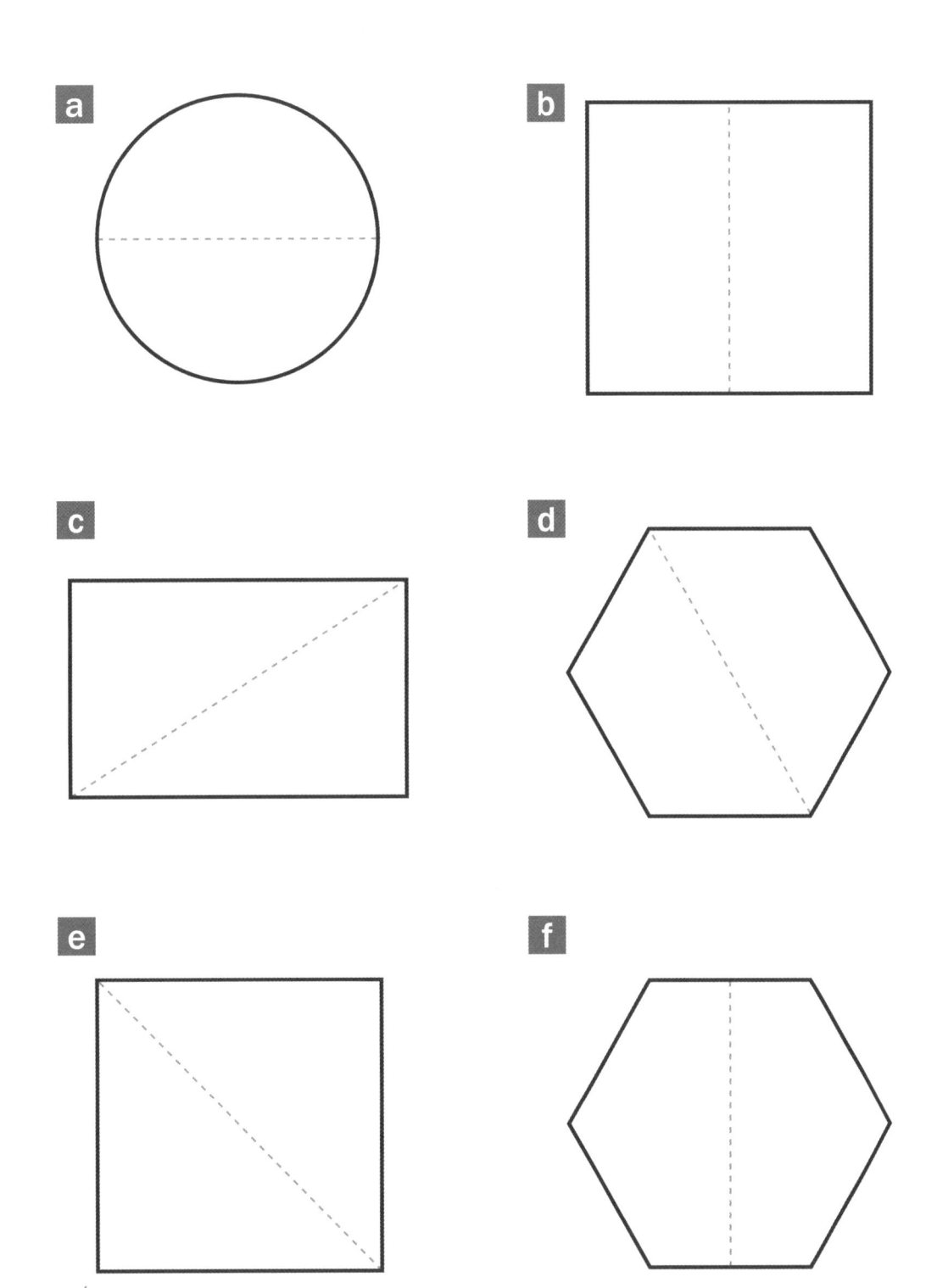

b

c

d

e

f

Les moitiés et les quarts

2 Coloriez un quart de chacune de ces figures.

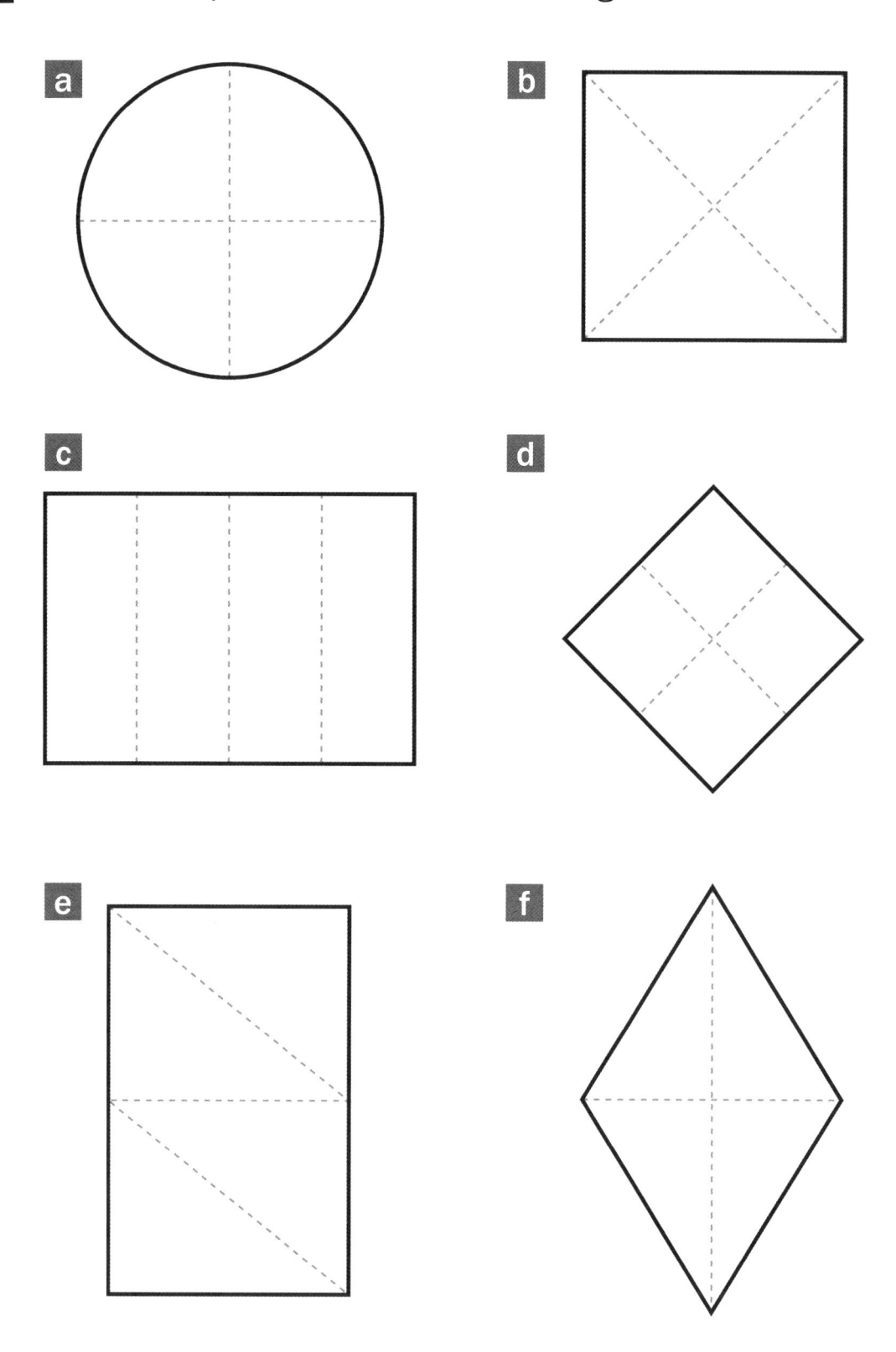

a

b

c

d

e

f

Exercice 43

1 Coloriez la dernière figure de manière à continuer la série.

a

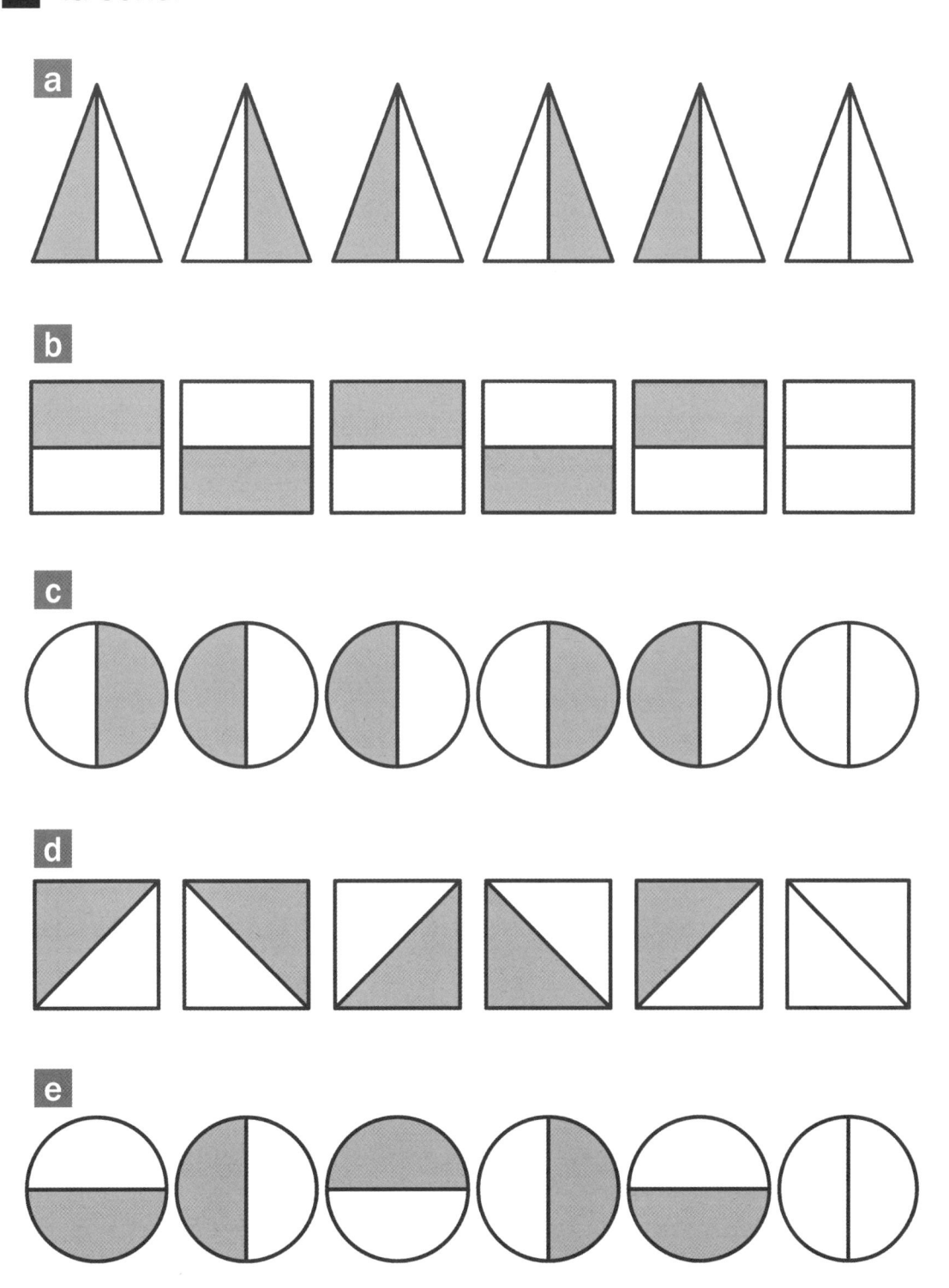

b

c

d

e

Les moitiés et les quarts

2 Coloriez la dernière figure de manière à continuer la série.

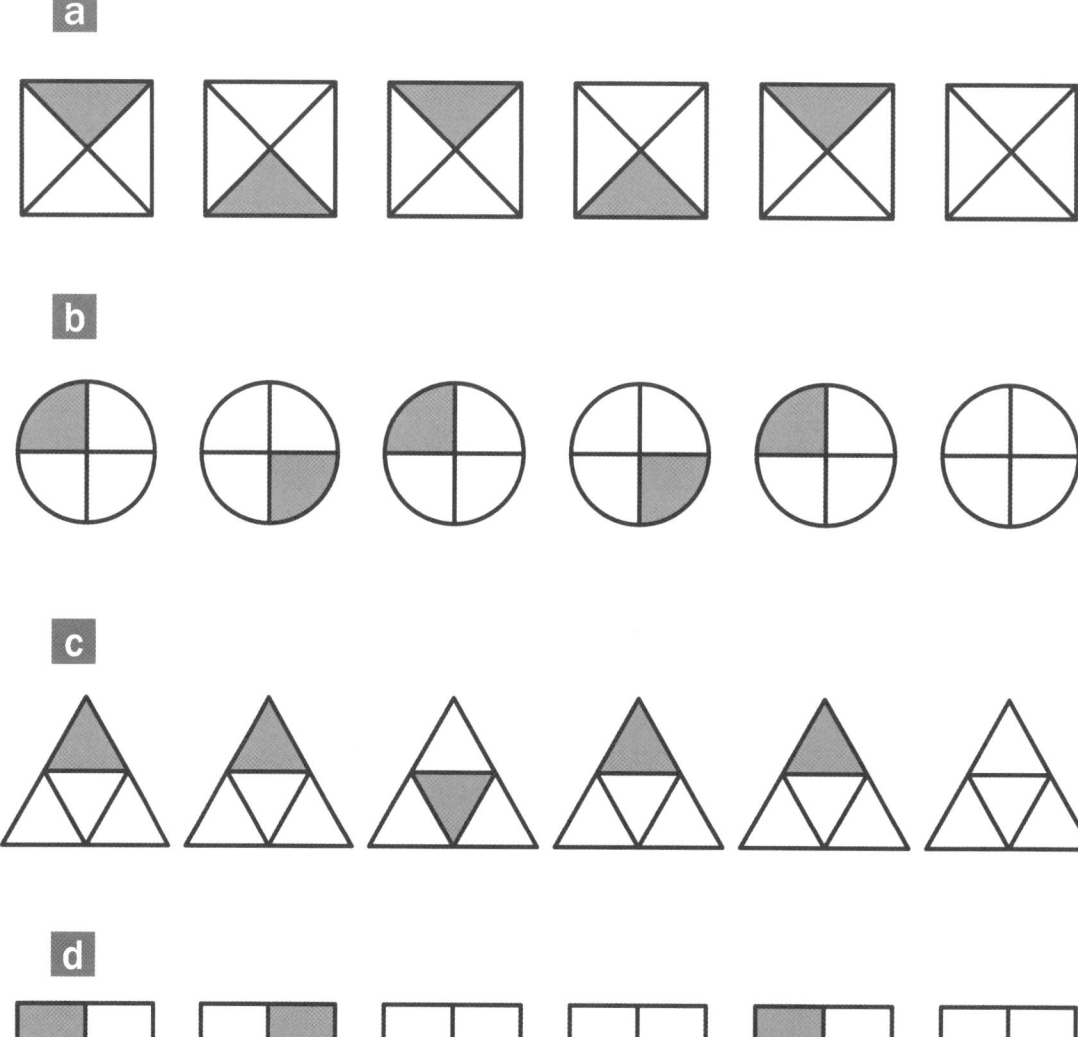

a

b

c

d

e

Les moitiés et les quarts

Exercice 44

1 Reliez chaque horloge à l'heure correspondante.

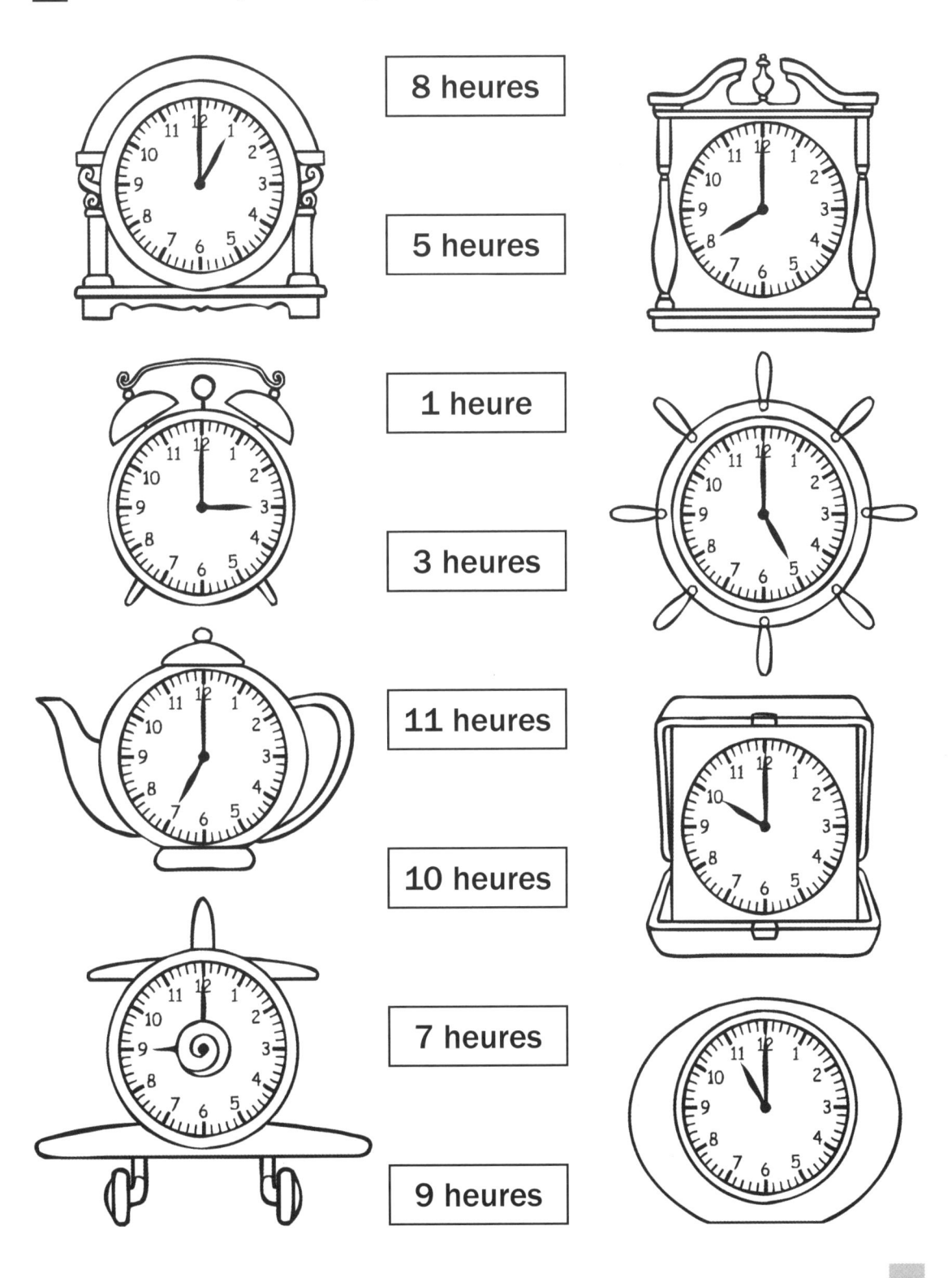

8 heures

5 heures

1 heure

3 heures

11 heures

10 heures

7 heures

9 heures

L'heure 103

2 Écrivez l'heure indiquée sur chaque horloge.

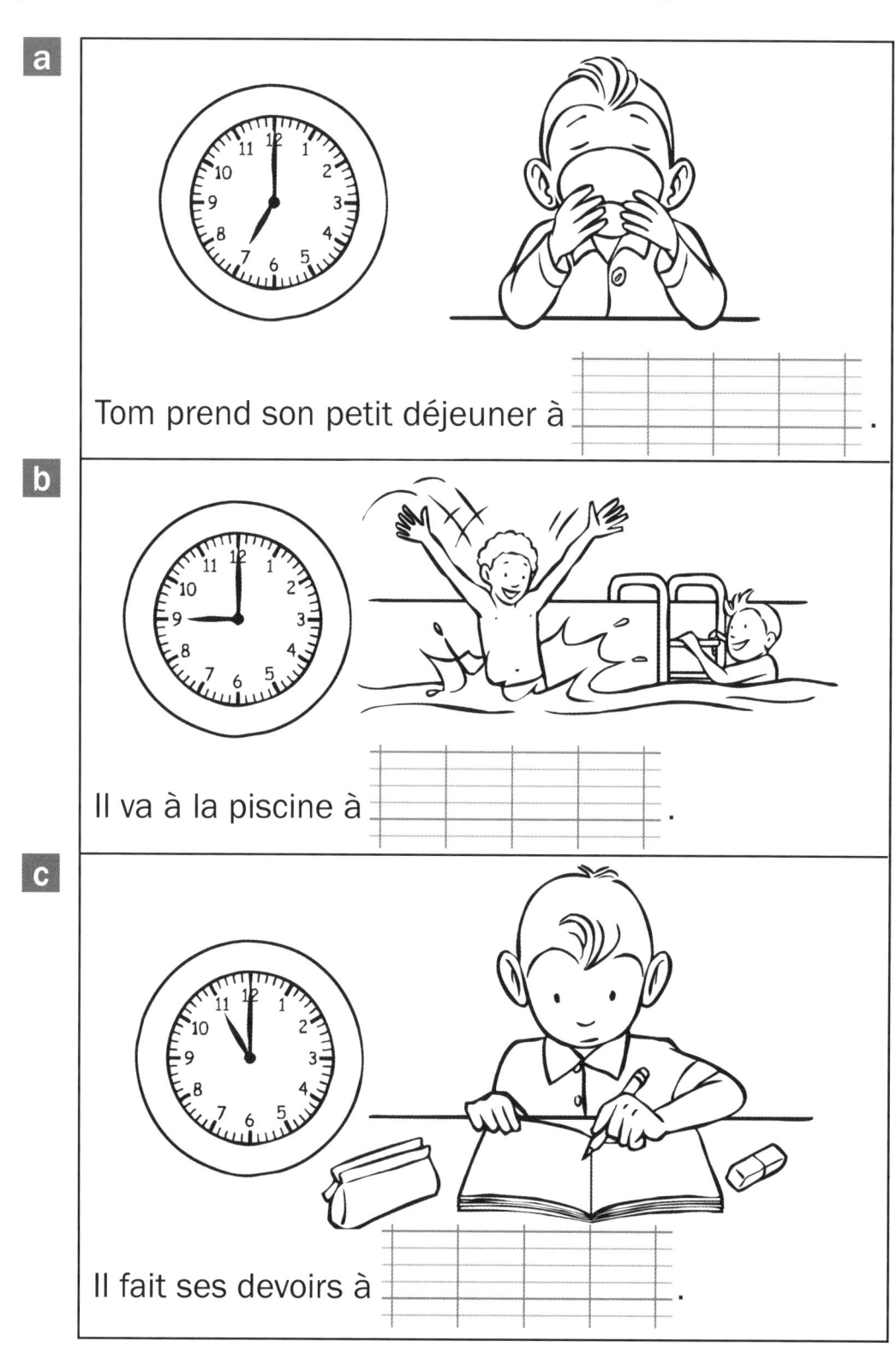

a

Tom prend son petit déjeuner à _____.

b

Il va à la piscine à _____.

c

Il fait ses devoirs à _____.

d Il dîne à _____.

e Il lit sa revue préférée à _____.

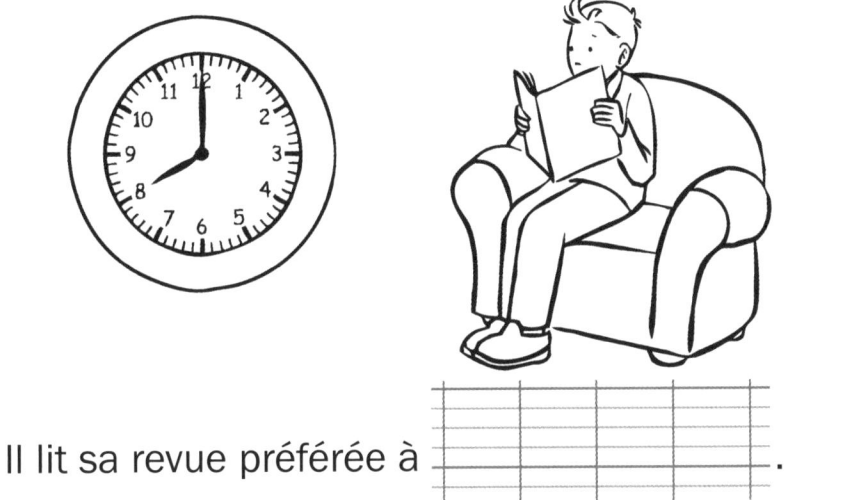

f Il se couche à _____.

L'heure

Exercice 45

1 Reliez chaque horloge à l'heure correspondante.

6 heures et demie

2 heures et demie

6 heures

7 heures et demie

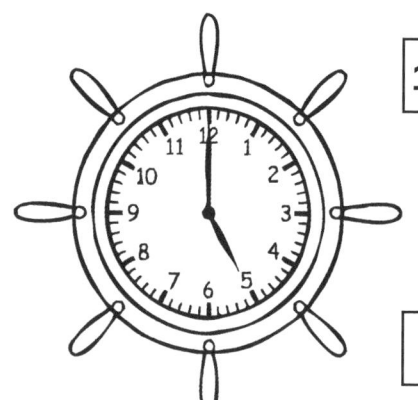

10 heures et demie

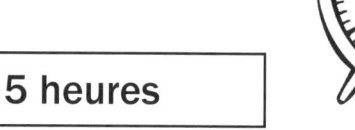

5 heures

106 L'heure

2 Écrivez l'heure indiquée sur chaque horloge.

L'arrivée au zoo.

Le palais des papillons.

Le royaume des singes.

Le monde sous-marin.

L'heure

3 Écrivez l'heure indiquée sur chaque horloge.

Révision 5

1 Écrivez sur la voile le nombre inscrit sur la coque.

a vingt-huit

b quarante

2 Complétez.

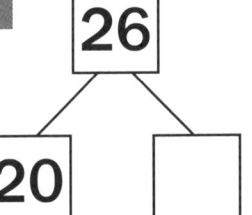

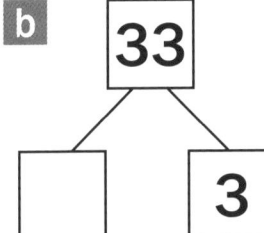

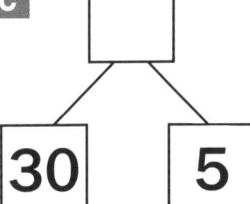

a 26 → 20, ☐

b 33 → ☐, 3

c ☐ → 30, 5

3 Complétez la série de nombres ci-dessous.

5, 10, ☐, 20, ☐, ☐, ☐, ☐, 45.

4 Complétez les phrases suivantes :

a 5 de plus que 10, c'est ☐.

b 10 de plus que 10, c'est ☐.

c 4 de moins que 4, c'est ☐.

d 10 de moins que 38, c'est ☐.

5 Additionnez, soustrayez et assemblez.

30 + 9 =	38 − 10 =
18 + 2 =	40 − 1 =
20 + 8 =	39 − 8 =
11 + 20 =	27 − 7 =

6 Reliez chaque horloge à l'heure correspondante.

Quatre heures

Trois heures et demie

Trois heures

Quatre heures et demie

7 Résolvez ce problème :

J'ai 6 timbres. — Alexandre
J'ai 4 timbres. — Marc
J'ai 5 timbres. — Romain

Combien Alexandre, Marc et Romain ont-ils de timbres en tout ?

☐ ◯ ☐ ◯ ☐ = ☐

Alexandre, Marc et Romain ont ☐ timbres en tout.

8 Résolvez ce problème :

J'ai 12 livres. — Aïcha
J'ai 3 livres de plus que Aïcha. — Laura

Combien Laura a-t-elle de livres ?

☐ ◯ ☐ = ☐

Laura a ☐ livres.

Révision 5

9 Résolvez ce problème :

Émilie a acheté 14 pommes.
Elle en donne 10 à ses amis.
Combien lui reste-t-il de pommes ?

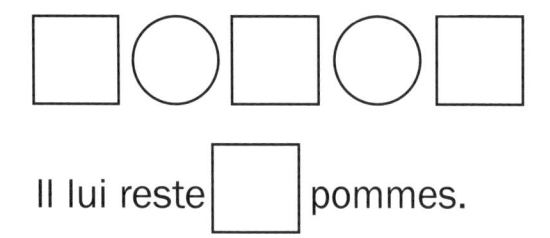

Il lui reste ☐ pommes.

10 Résolvez ce problème :

Aïcha a donné 6 ballons à ses amis.
Il lui en reste 9.
Combien de ballons avait-elle au début ?

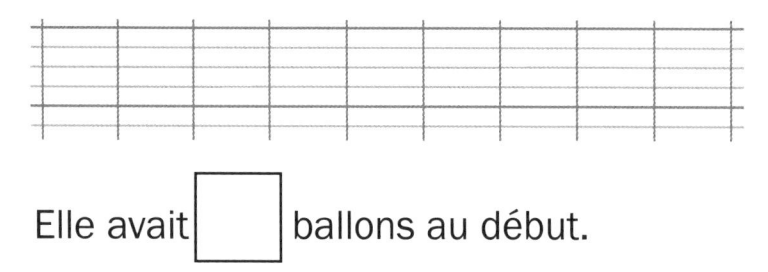

Elle avait ☐ ballons au début.

11 Résolvez ce problème :

Madame Martin avait 20 œufs.
Elle en a cassé un certain nombre pour faire des gâteaux.
Il lui reste 8 œufs.
Combien en a-t-elle utilisé ?

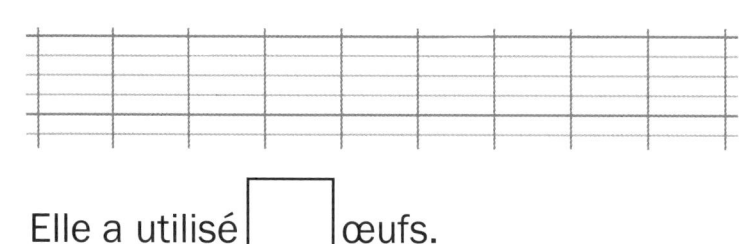

Elle a utilisé ☐ œufs.

Exercice 46

1 Reliez selon le modèle.

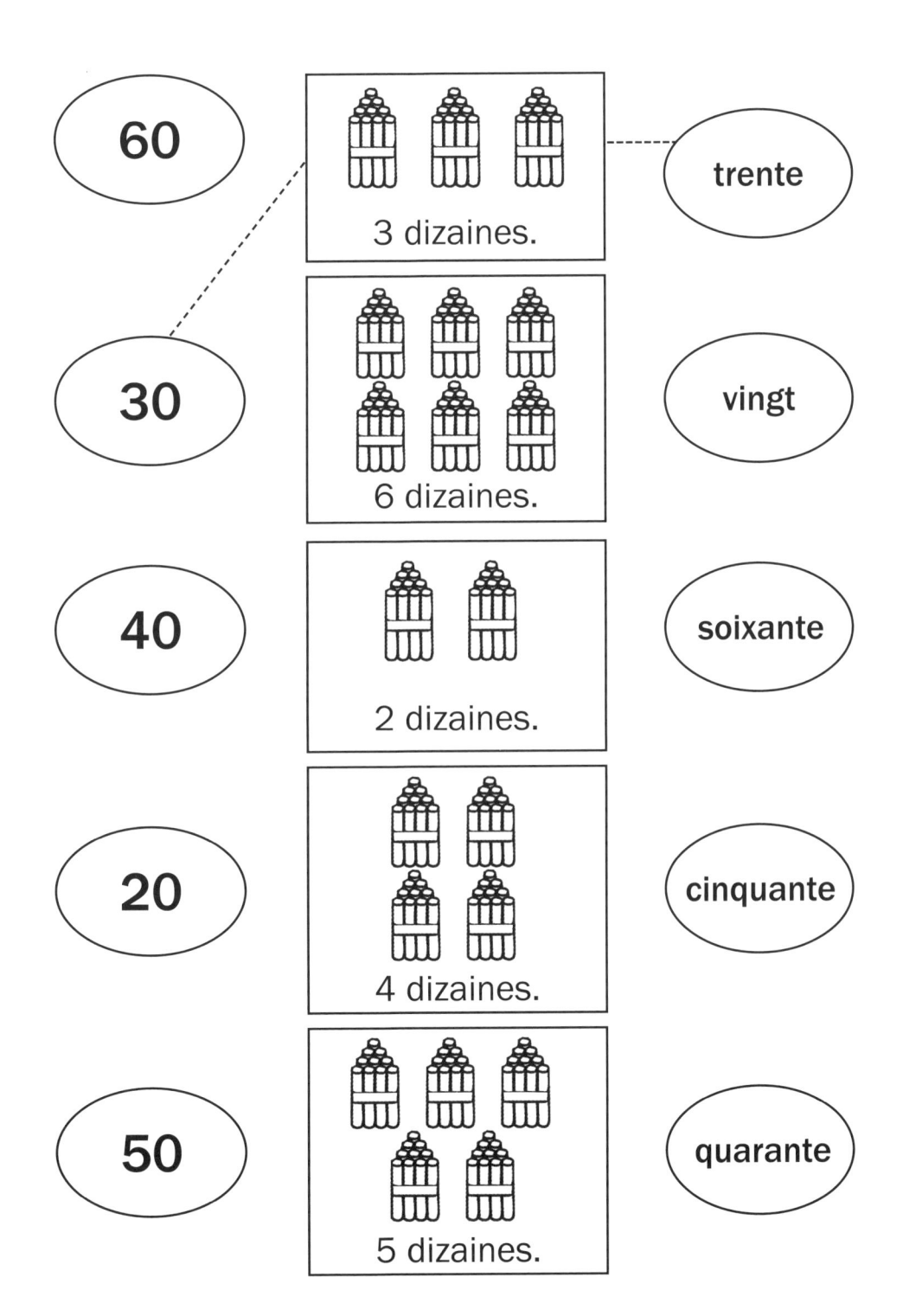

60	3 dizaines.	trente
30	6 dizaines.	vingt
40	2 dizaines.	soixante
20	4 dizaines.	cinquante
50	5 dizaines.	quarante

Les nombres jusqu'à 69

2 Écrivez le nombre de dizaines, puis son équivalent en chiffres.

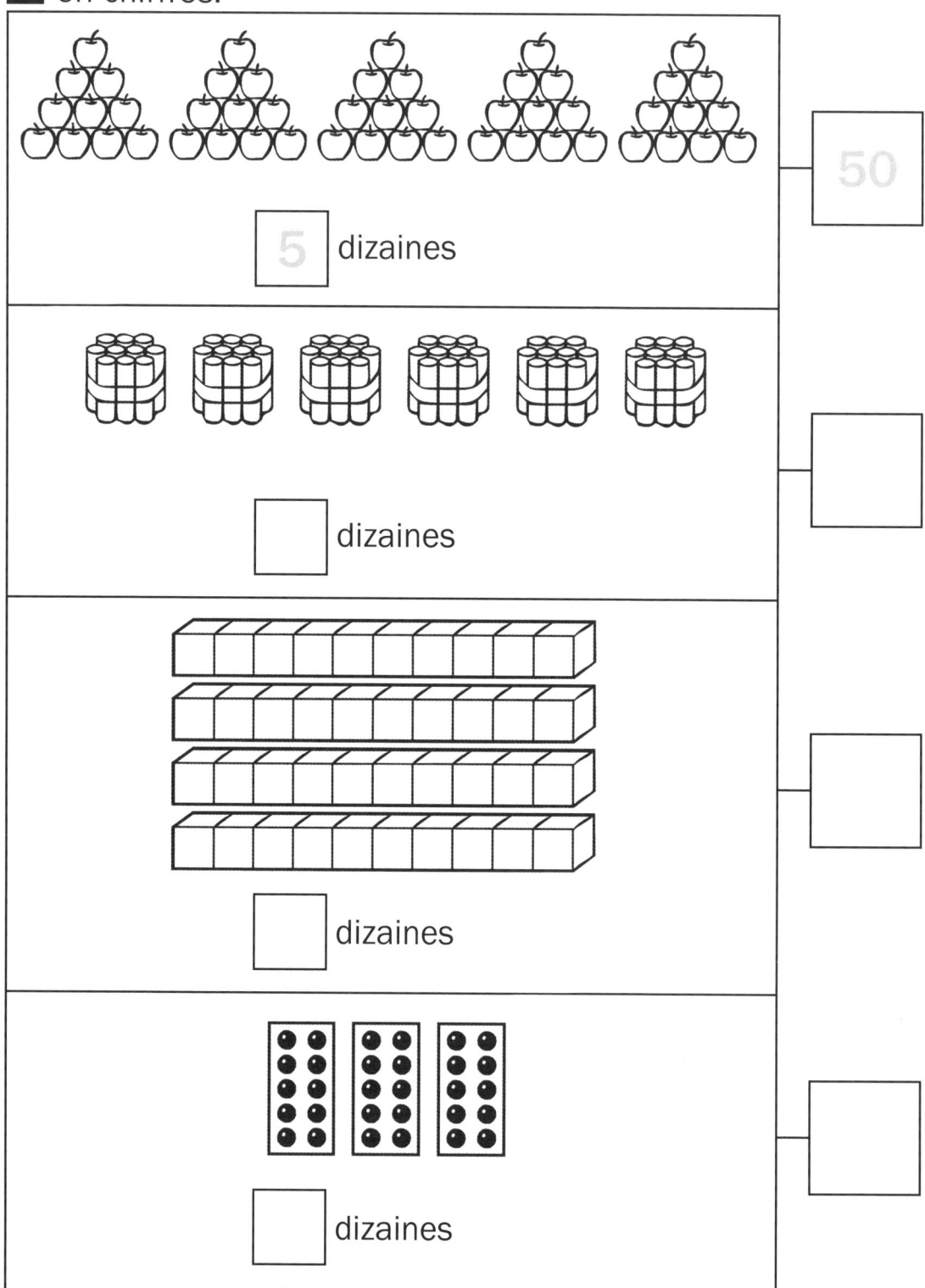

5 dizaines — 50

☐ dizaines — ☐

☐ dizaines — ☐

☐ dizaines — ☐

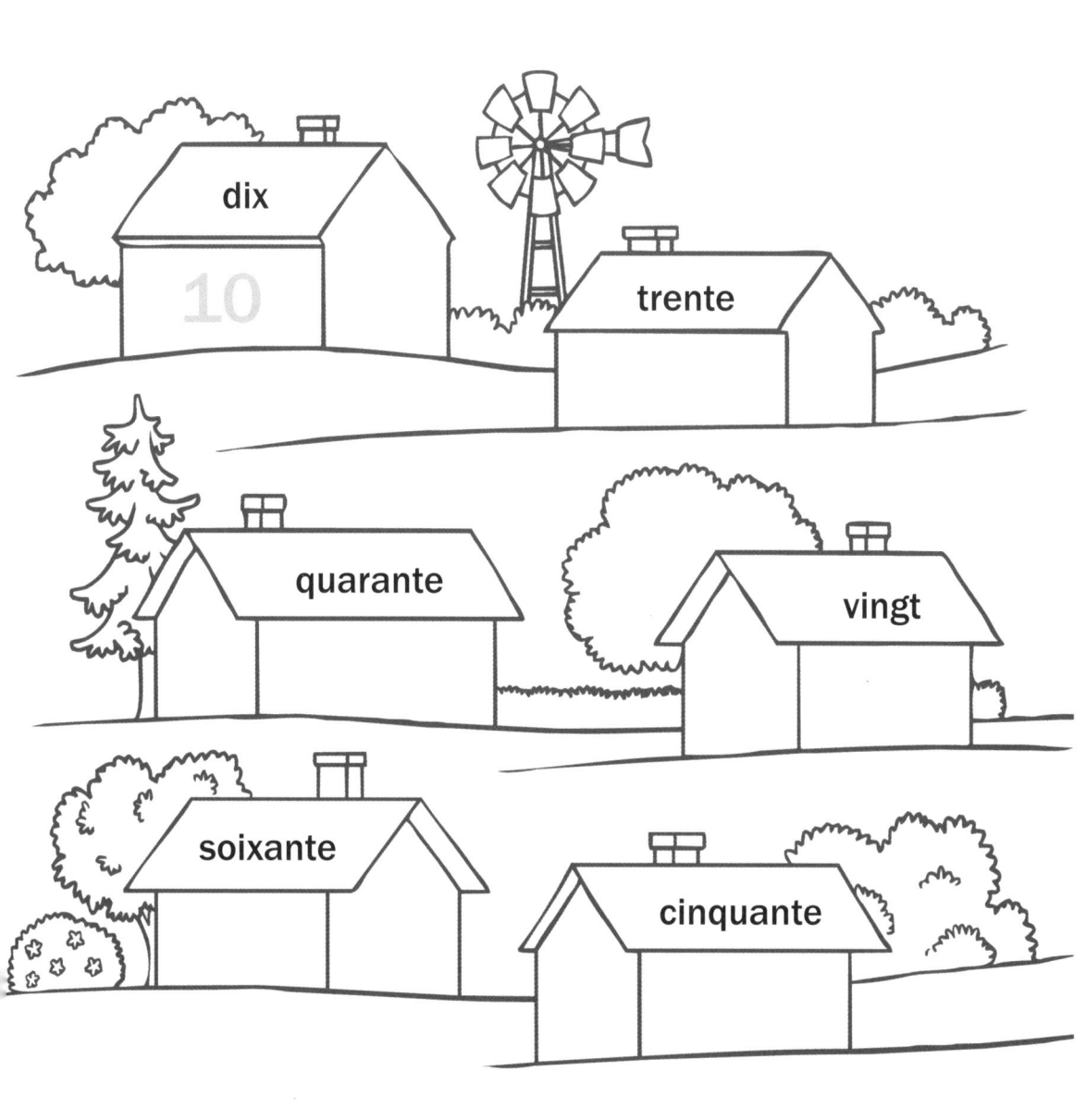

3 Écrivez les nombres.

- dix — 10
- trente —
- quarante —
- vingt —
- soixante —
- cinquante —

Exercice 47

1 Reliez chaque pilote à son hors-bord.

1 dizaine et 6 unités

3 dizaines et 7 unités

3 dizaines et 4 unités

6 dizaines et 4 unités

64

34

16

37

2 Coloriez le nombre d'éléments correspondant au nombre écrit en bas à droite.

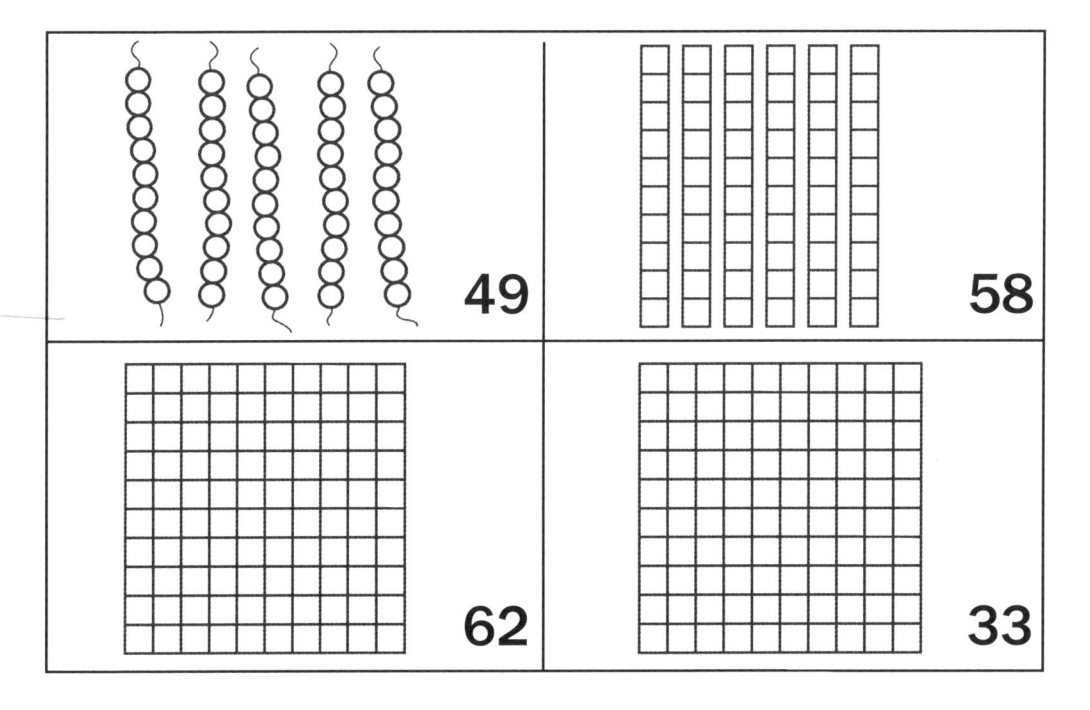

49

58

62

33

116 Les nombres jusqu'à 69

Exercice 48

1 Écrivez le nombre de dizaines et d'unités, puis l'équivalent en chifres.

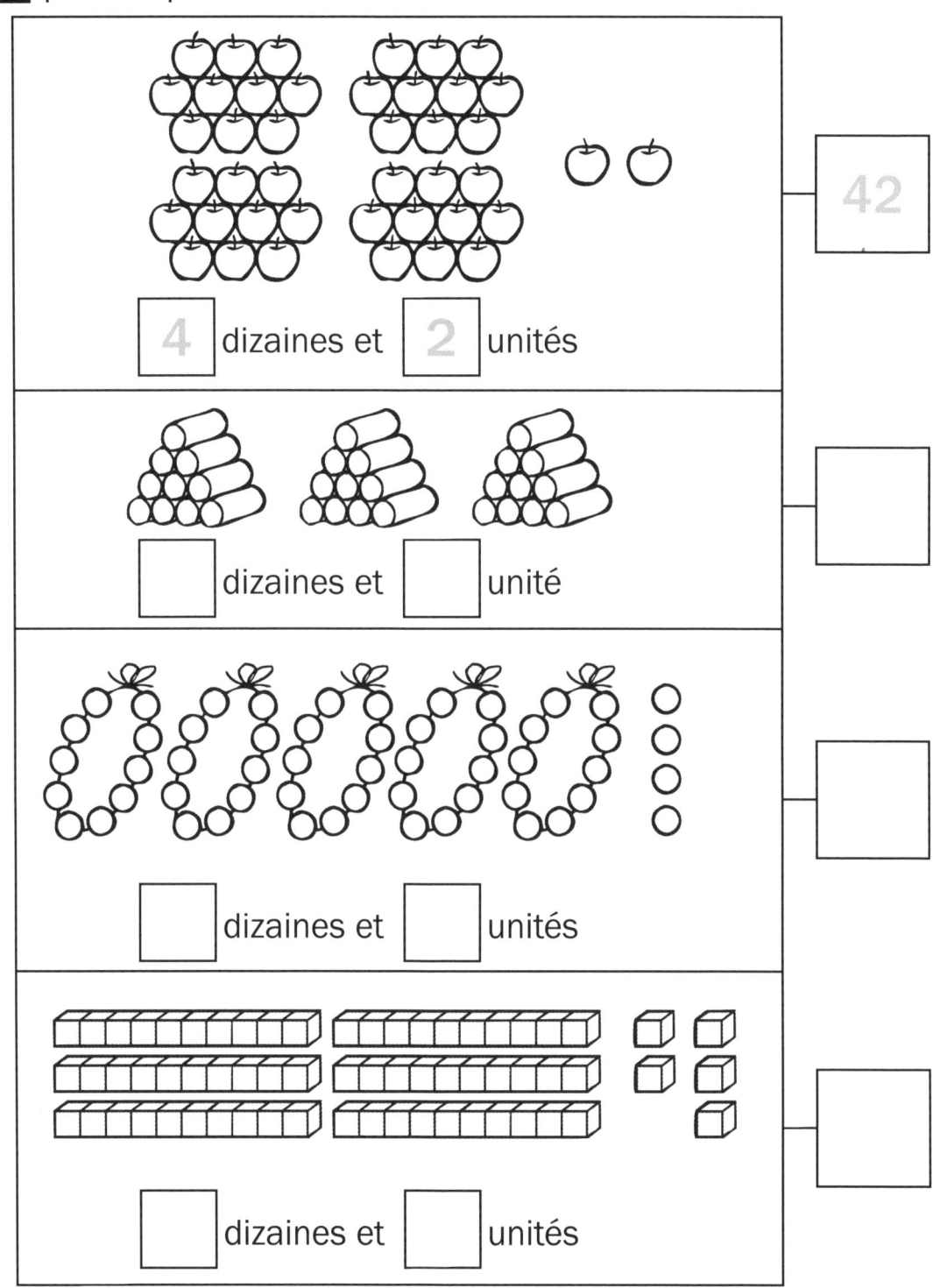

[4] dizaines et [2] unités → 42

[ ] dizaines et [ ] unité → [ ]

[ ] dizaines et [ ] unités → [ ]

[ ] dizaines et [ ] unités → [ ]

Les nombres jusqu'à 69

2 Écrivez le nombre de dizaines et d'unités, puis l'équivalent en chifres.

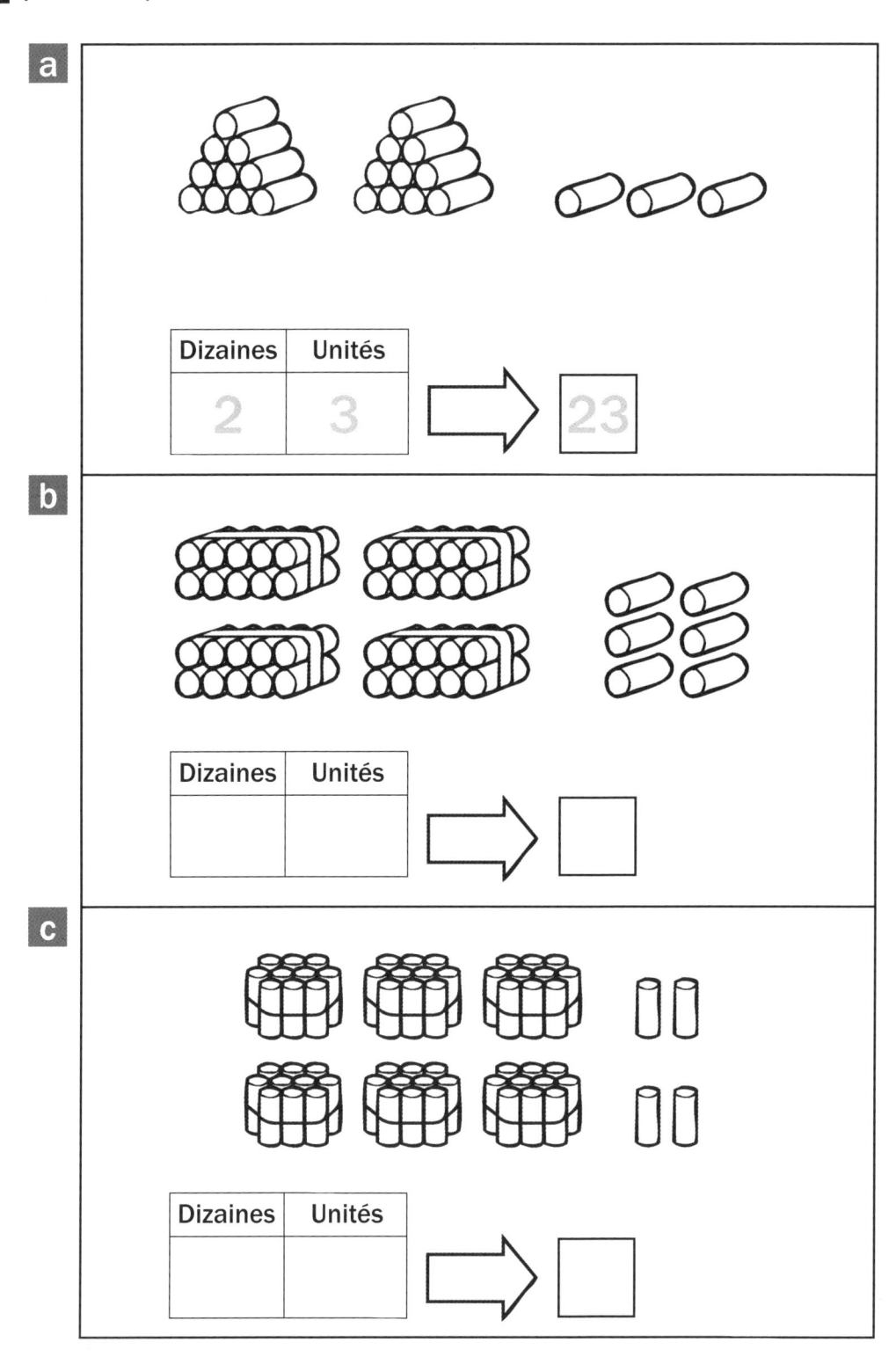

a

Dizaines	Unités
2	3

➡ 23

b

Dizaines	Unités

➡ ☐

c

Dizaines	Unités

➡ ☐

Exercice 49

1 Reliez chaque souris à son morceau de fromage.

soixante-six — 31 — trente et un

22

vingt-deux — 17 — quarante-trois

66

cinquante-cinq — 43 — dix-sept

55

2 Écrivez le bon nombre sur chaque tente.

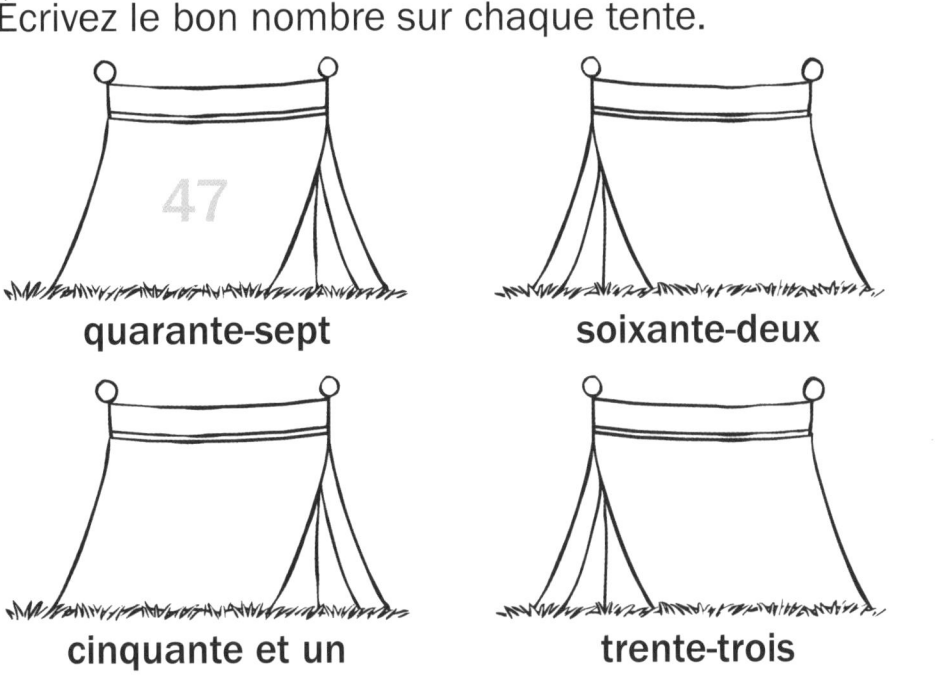

47

quarante-sept

soixante-deux

cinquante et un

trente-trois

Les nombres jusqu'à 69

Exercice 50

1 Complétez.

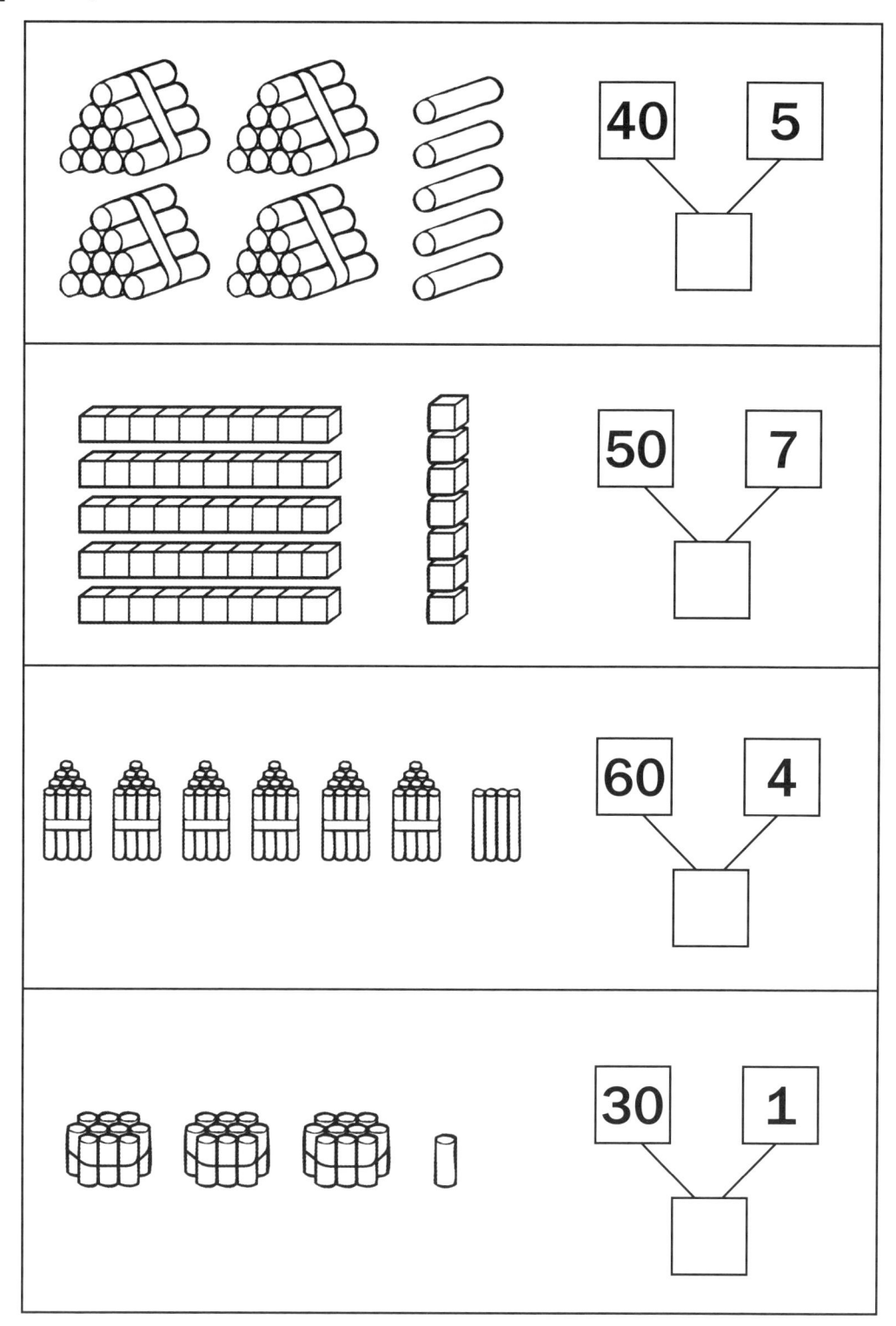

(4 fagots de 10 + 5)	40 — 5 → ☐
(5 barres de 10 + 7)	50 — 7 → ☐
(6 bottes de 10 + 4)	60 — 4 → ☐
(3 bottes de 10 + 1)	30 — 1 → ☐

120 Les nombres jusqu'à 69

2 Additionnez.

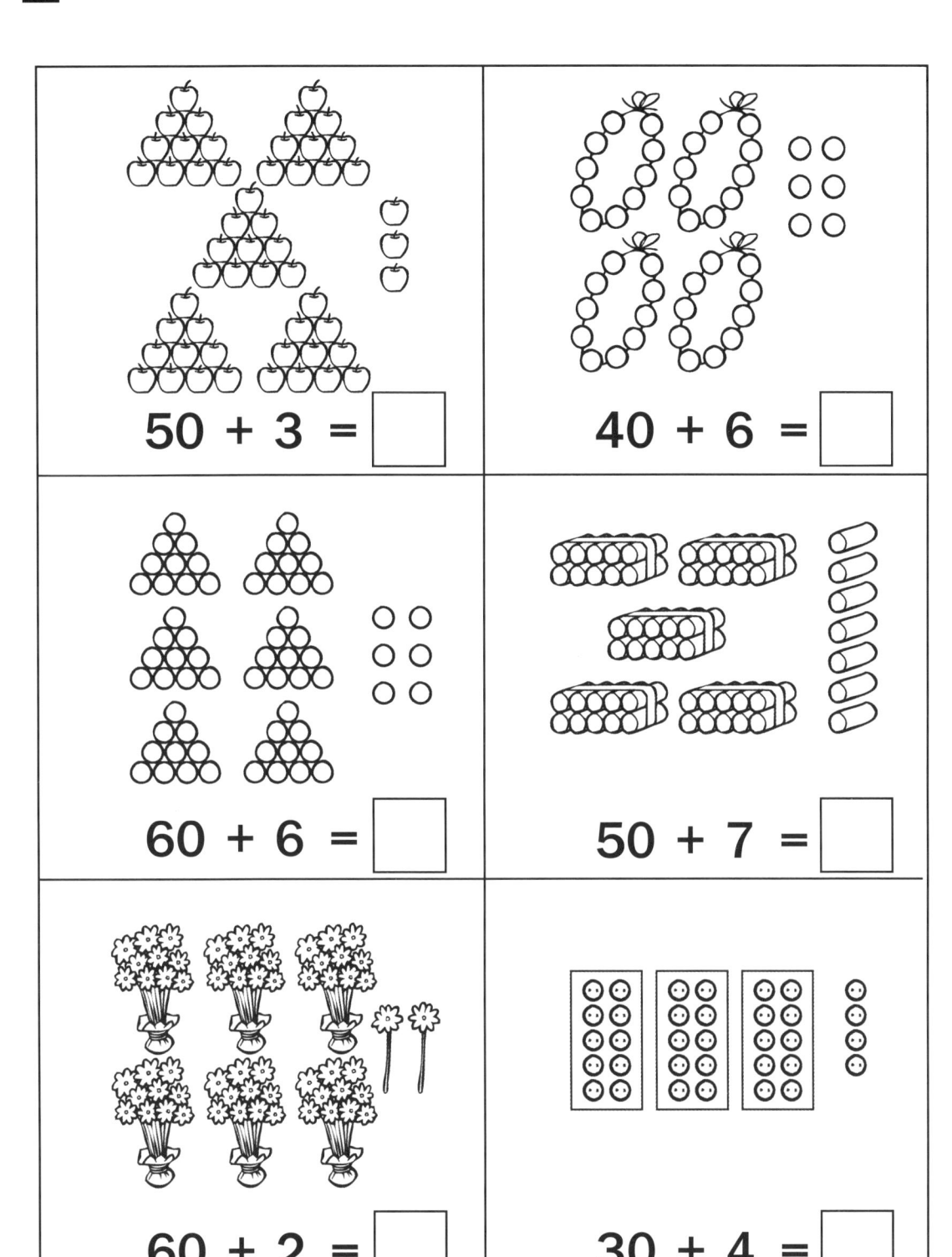

50 + 3 = ☐

40 + 6 = ☐

60 + 6 = ☐

50 + 7 = ☐

60 + 2 = ☐

30 + 4 = ☐

Les nombres jusqu'à 69

Exercice 51

1 Complétez les suites de nombres.

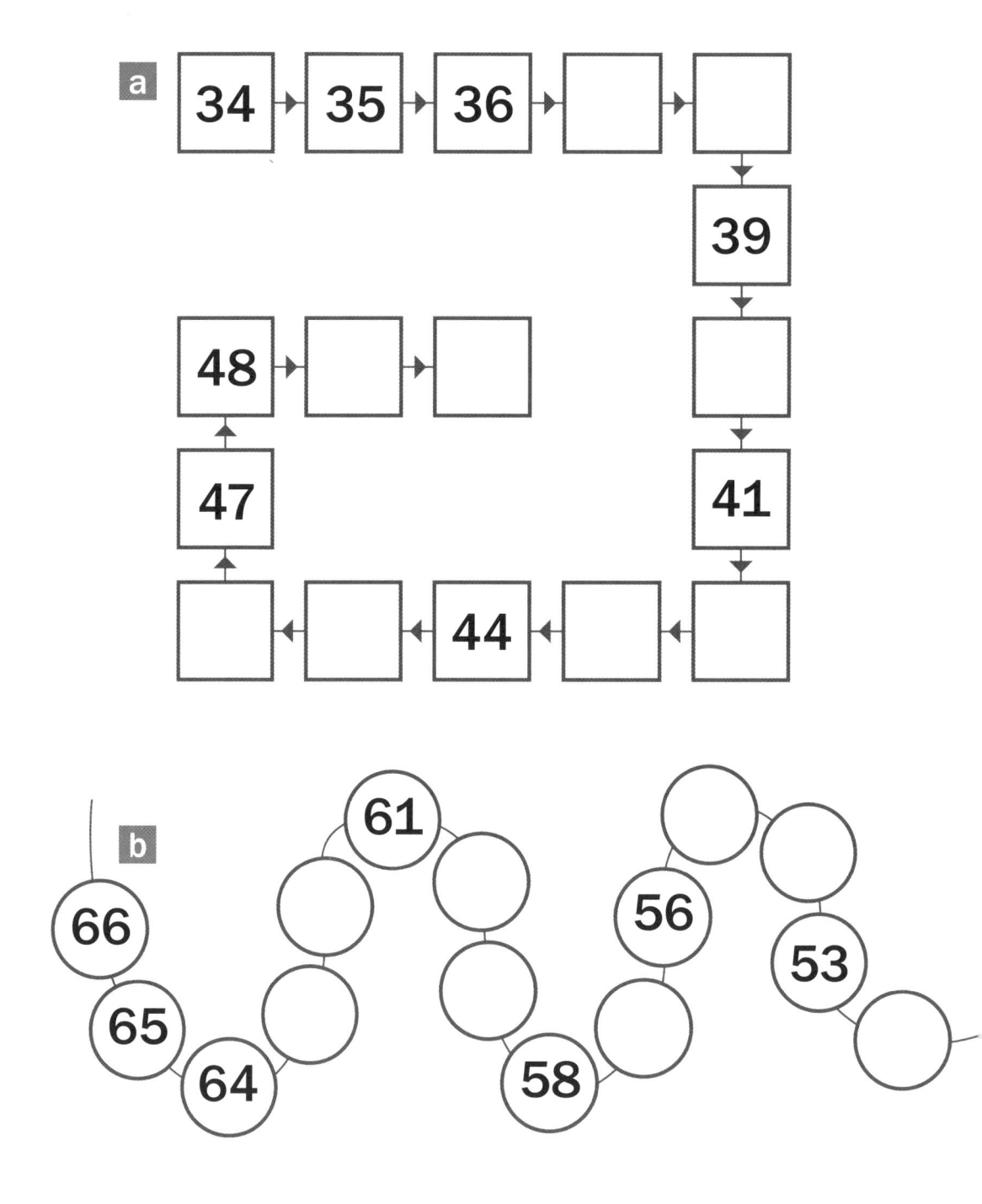

a) 34 → 35 → 36 → ☐ → ☐ → 39 → ☐ → 41 → ☐ → 44 ← ☐ ← ☐ ← 47 → 48 → ☐ → ☐

b) 66, 65, 64, ..., 61, ..., ..., 58, ..., 56, ..., ..., 53, ...

Les nombres jusqu'à 69

Exercice 52

1 Classez les nombres ci-dessous.

a

Du plus petit au plus grand.

12, 36, 43, 17

12, ◯, ◯, ◯

Le nombre le plus petit est ☐.

Le nombre le plus grand est ☐.

b

Du plus grand au plus petit.

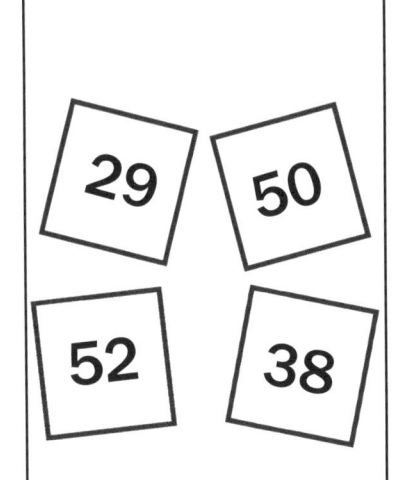

29, 50, 52, 38

52, ☐, ☐, ☐

Le nombre le plus grand est ☐.

Le nombre le plus petit est ☐.

Les nombres jusqu'à 69

Exercice 53

1 Complétez les phrases.

14

Le nombre plus grand que 14 de 1 unité est ☐.

Le nombre plus grand que 14 de 1 dizaine est ☐.

Le nombre plus grand que 43 de 1 unité est ☐.

Le nombre plus grand que 43 de 1 dizaine est ☐.

Le nombre plus grand que 56 de 1 unité est ☐.

Le nombre plus grand que 56 de 1 dizaine est ☐.

Les nombres jusqu'à 69

2 Complétez les phrases.

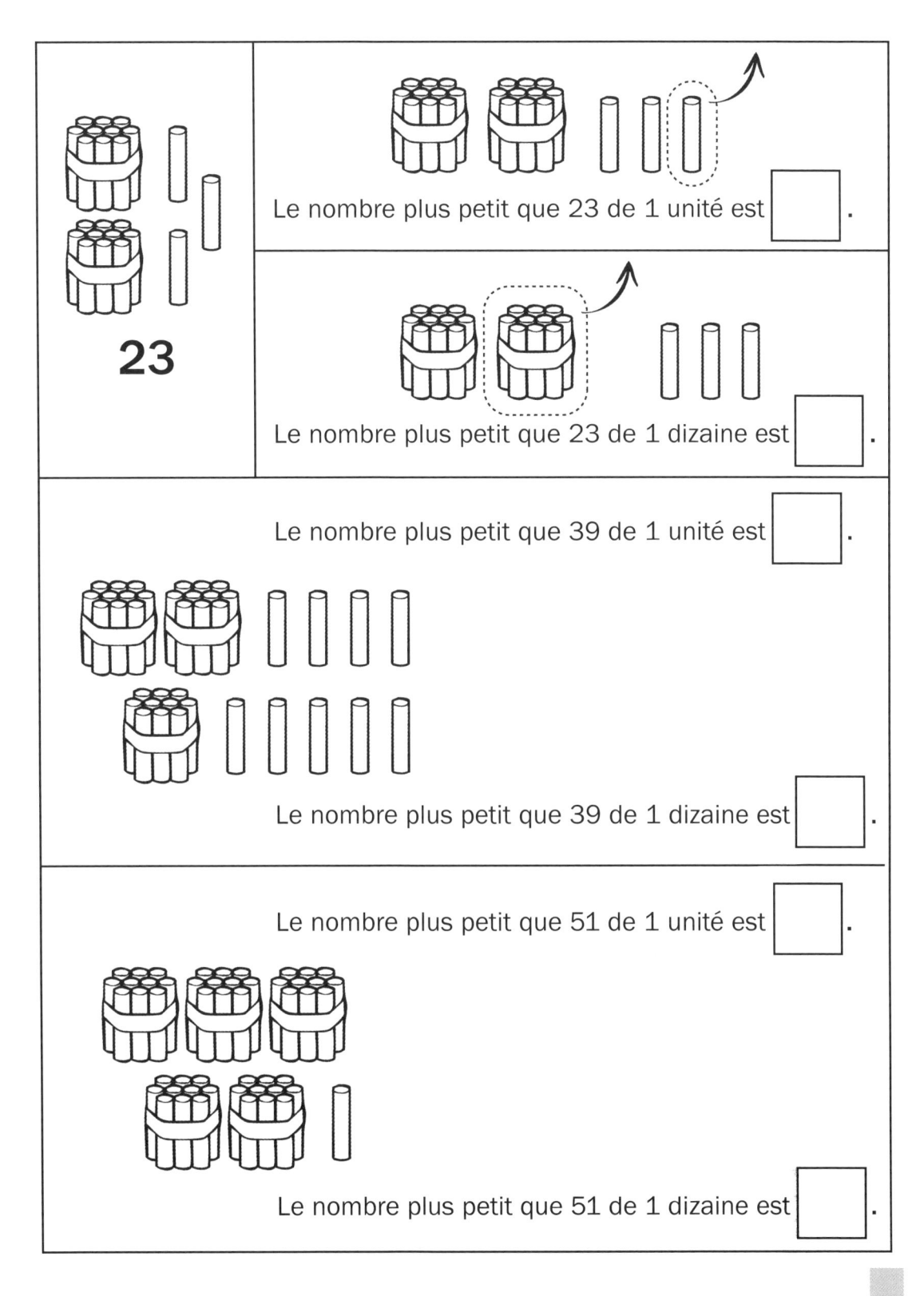

23

Le nombre plus petit que 23 de 1 unité est ☐.

Le nombre plus petit que 23 de 1 dizaine est ☐.

Le nombre plus petit que 39 de 1 unité est ☐.

Le nombre plus petit que 39 de 1 dizaine est ☐.

Le nombre plus petit que 51 de 1 unité est ☐.

Le nombre plus petit que 51 de 1 dizaine est ☐.

Les nombres jusqu'à 69

Exercice 54

1 Complétez en suivant l'ordre des flèches.

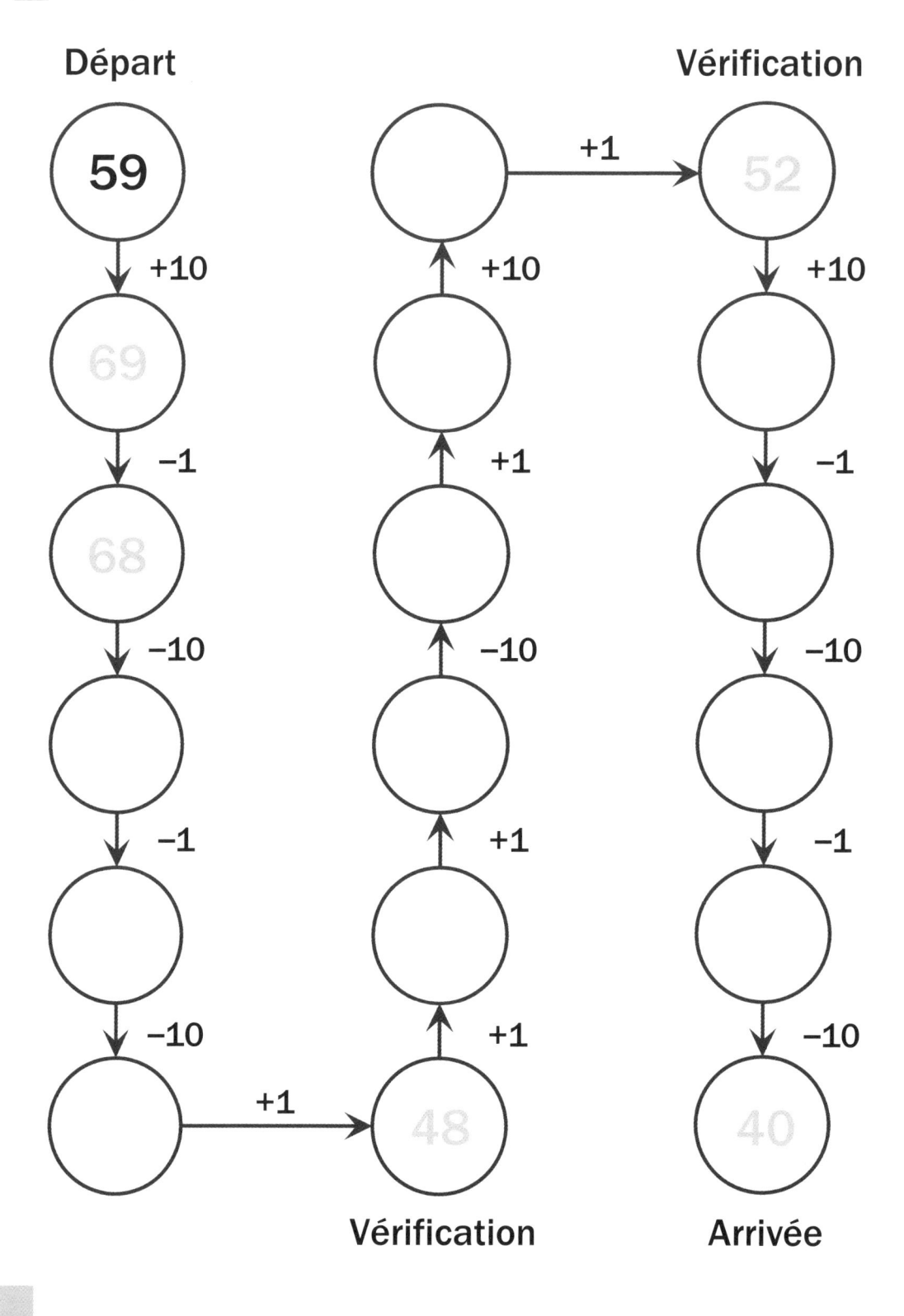

Départ : 59 → +10 → 69 → −1 → 68 → −10 → ○ → −1 → ○ → −10 → ○ → +1 → 48 (Vérification)

48 → +1 → ○ → +1 → ○ → −10 → ○ → +1 → ○ → +10 → ○ → +1 → 52 (Vérification)

52 → +10 → ○ → −1 → ○ → −10 → ○ → −1 → ○ → −10 → 40 (Arrivée)

126 Les nombres jusqu'à 69

Exercice 55

1

1	2	3	4	5	6	7	8	9	10
11	12	13	14	15	16	17	18	19	20
21	22	23	24	25	26	27	28	29	30
31	32	33	34	35	36	37	38	39	40
41	42	43	44	45	46	47	48	49	50
51	52	53	54	55	56	57	58	59	60
61	62	63	64	65	66	67	68	69	70

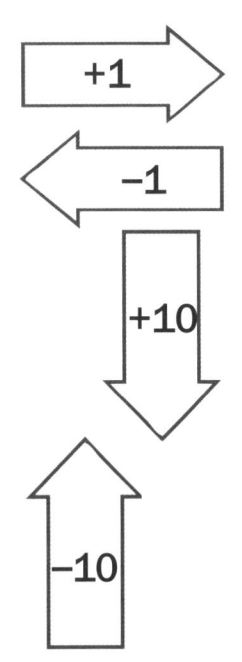

+1 / −1 / +10 / −10

Complétez.

a 45 + 10 = ☐
Je compte 1 dizaine à partir de 45.

b 33 + 3 = ☐
Je compte 3 unités à partir de 33.

c 65 − 20 = ☐
Je compte 2 dizaines à rebours à partir de 65.

d 68 − 2 = ☐
Je compte 2 unités à rebours à partir de 68.

Les nombres jusqu'à 69

Exercice 56

1 Aidez-vous du tableau ci-dessous pour compléter les phrases.

31	32	33	34	35	36		38	39	40
41		43	44	45		47		49	50
	52		54	55	56		58	59	60
61		63	64	65	66	67	68	69	70

a Le nombre plus grand que 47 de 1 unité est ☐.

b Le nombre plus grand que 47 de 1 dizaine est ☐.

c Le nombre plus petit que 52 de 1 unité est ☐.

d Le nombre plus petit que 52 de 1 dizaine est ☐.

e Le nombre plus grand que 50 de 1 unité est ☐.

f Le nombre plus petit que 50 de 2 unités est ☐.

g Le nombre plus petit que 56 de 3 unités est ☐.

h Le nombre plus petit que 56 de 1 dizaine est ☐.

i Le nombre plus petit que 68 de 2 dizaines est ☐.

j Le nombre plus grand que 32 de 3 dizaines est ☐.

k Le nombre plus petit que 57 de 2 dizaines est ☐.

Exercice 57

1 Additionnez.

a) 24 + 3 = ☐

b) 32 + 5 = ☐

c) 13 + 6 = ☐

d) 46 + 2 = ☐

Les nombres jusqu'à 69

2 Additionnez.

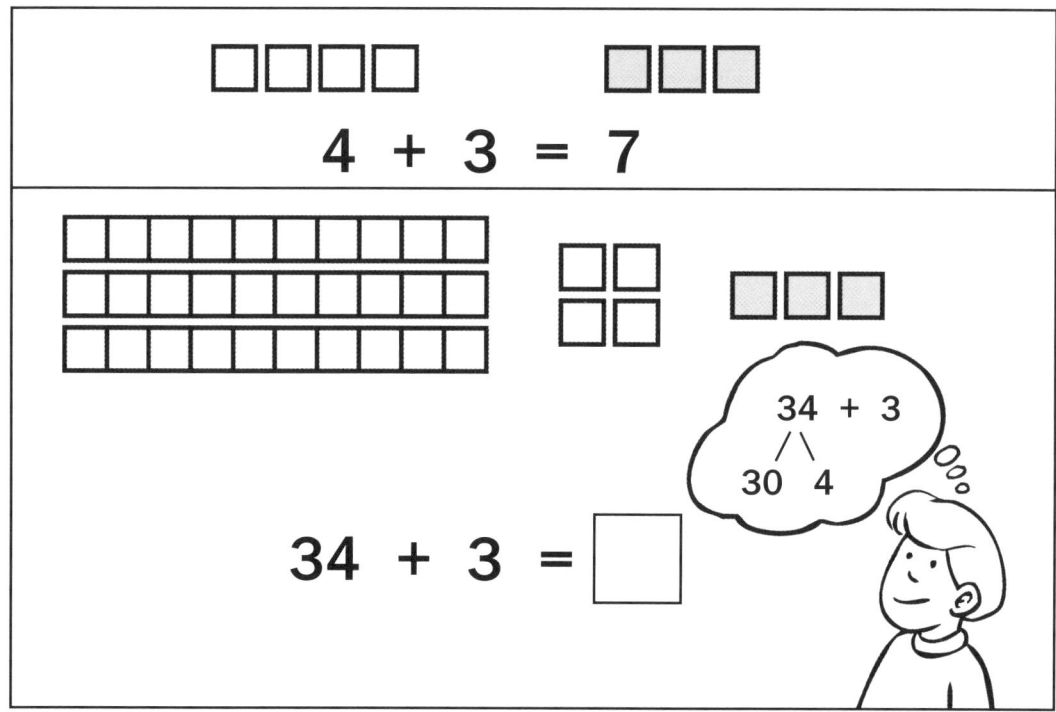

4 + 3 = 7

34 + 3 = ☐

34 + 3 = 30 + 4

5 + 2 = ☐
25 + 2 = ☐

6 + 1 = ☐
36 + 1 = ☐

4 + 4 = ☐
44 + 4 = ☐

7 + 2 = ☐
57 + 2 = ☐

3 + 3 = ☐
63 + 3 = ☐

1 + 8 = ☐
11 + 8 = ☐

130 Les nombres jusqu'à 69

Exercice 58

1 Additionnez.

17 + 3 = ☐

46 + 4 = ☐

58 + 5 = ☐

32 + 9 = ☐

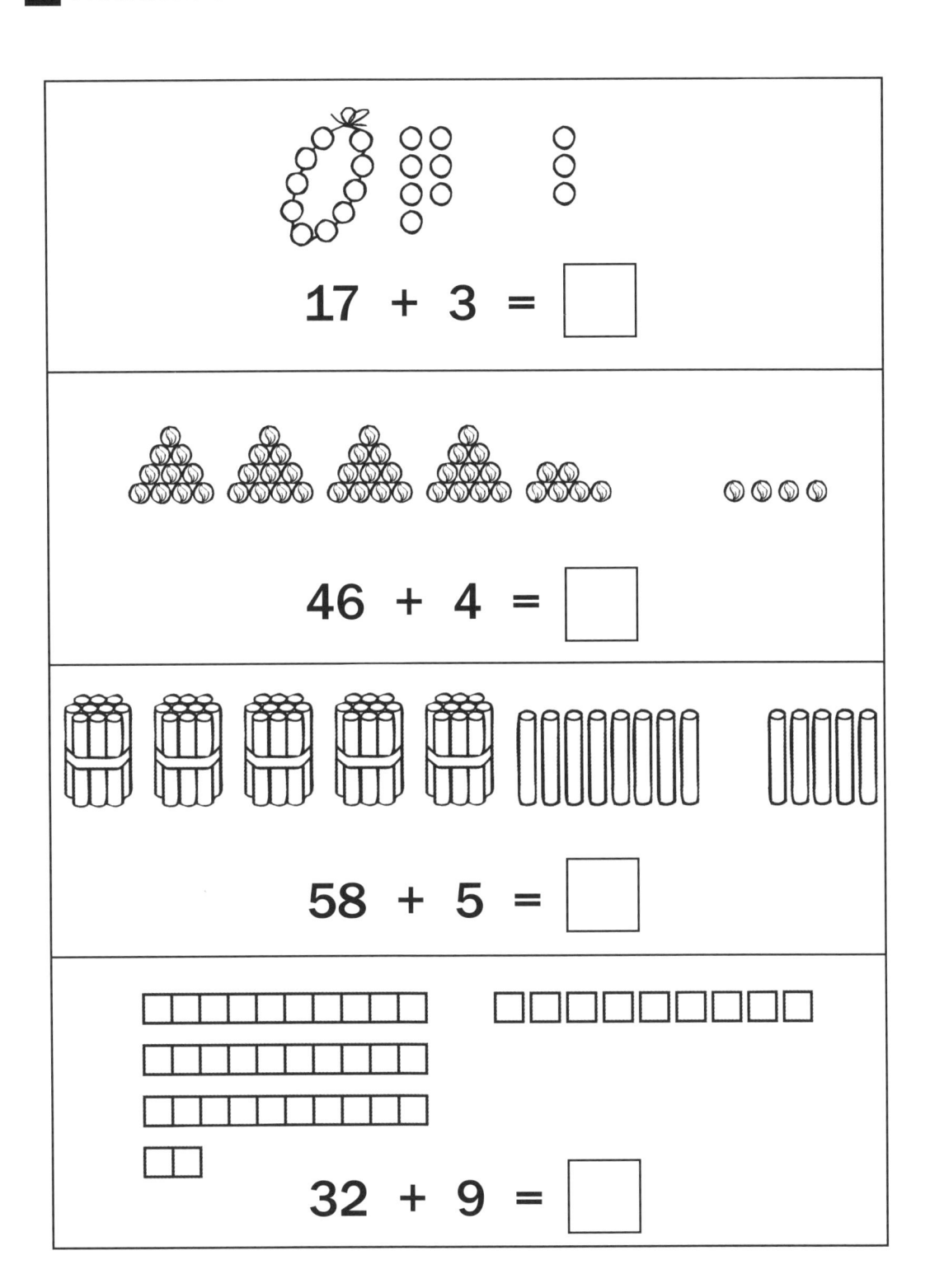

Les nombres jusqu'à 69

2 Additionnez.

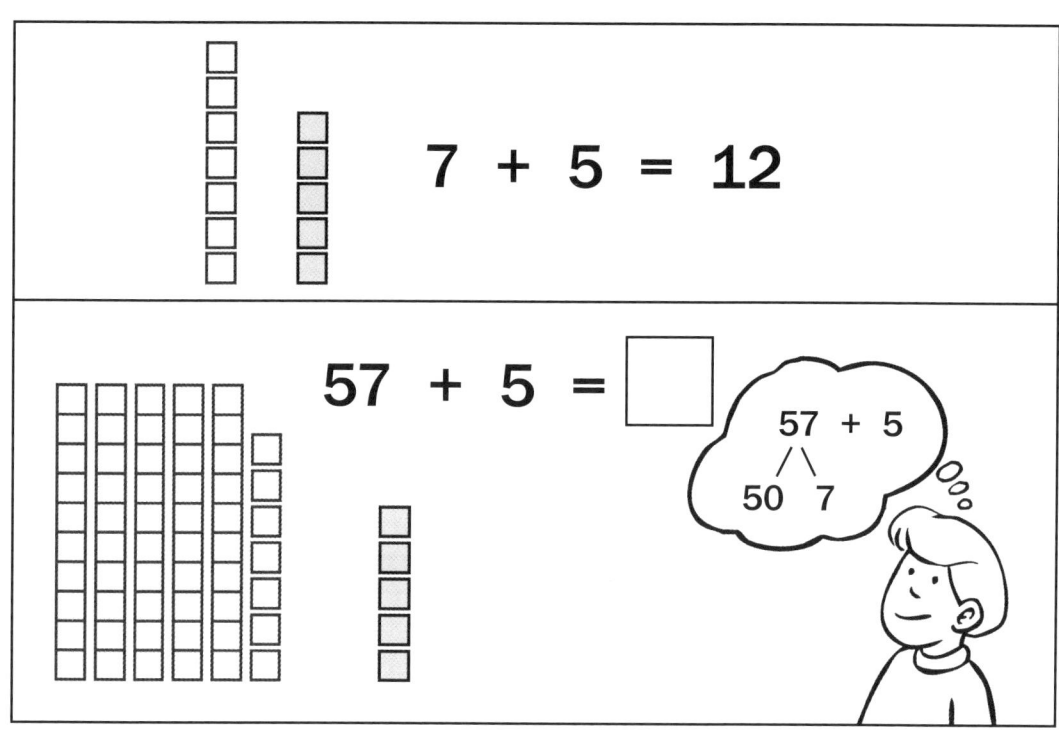

7 + 5 = 12

57 + 5 = ☐

57 + 5
/ \
50 7

5 + 5 = ☐ 45 + 5 = ☐	4 + 7 = ☐ 24 + 7 = ☐
6 + 8 = ☐ 56 + 8 = ☐	9 + 4 = ☐ 39 + 4 = ☐
5 + 6 = ☐ 35 + 6 = ☐	8 + 2 = ☐ 18 + 2 = ☐

Les nombres jusqu'à 69

Exercice 59

1 Additionnez.

10 + 40 = ☐
1 dizaine + **4** dizaines = ☐

30 + 20 = ☐
3 dizaines + **2** dizaines = ☐

20 + 40 = ☐
2 dizaines + **4** dizaines = ☐

30 + 30 = ☐
3 dizaines + **3** dizaines = ☐

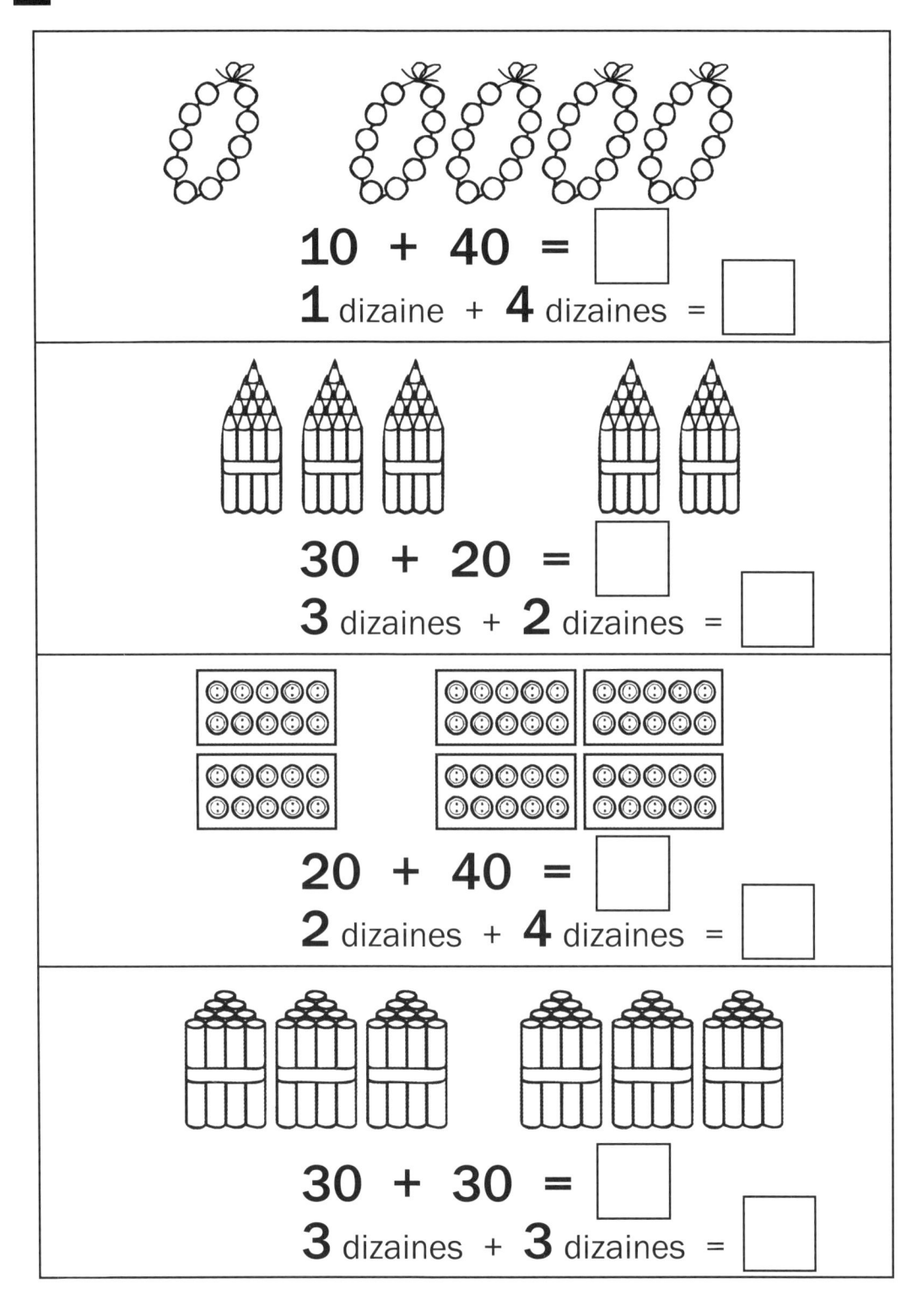

Les nombres jusqu'à 69

Exercice 60

1 Additionnez.

44 + 20 = ☐

36 + 30 = ☐

29 + 40 = ☐

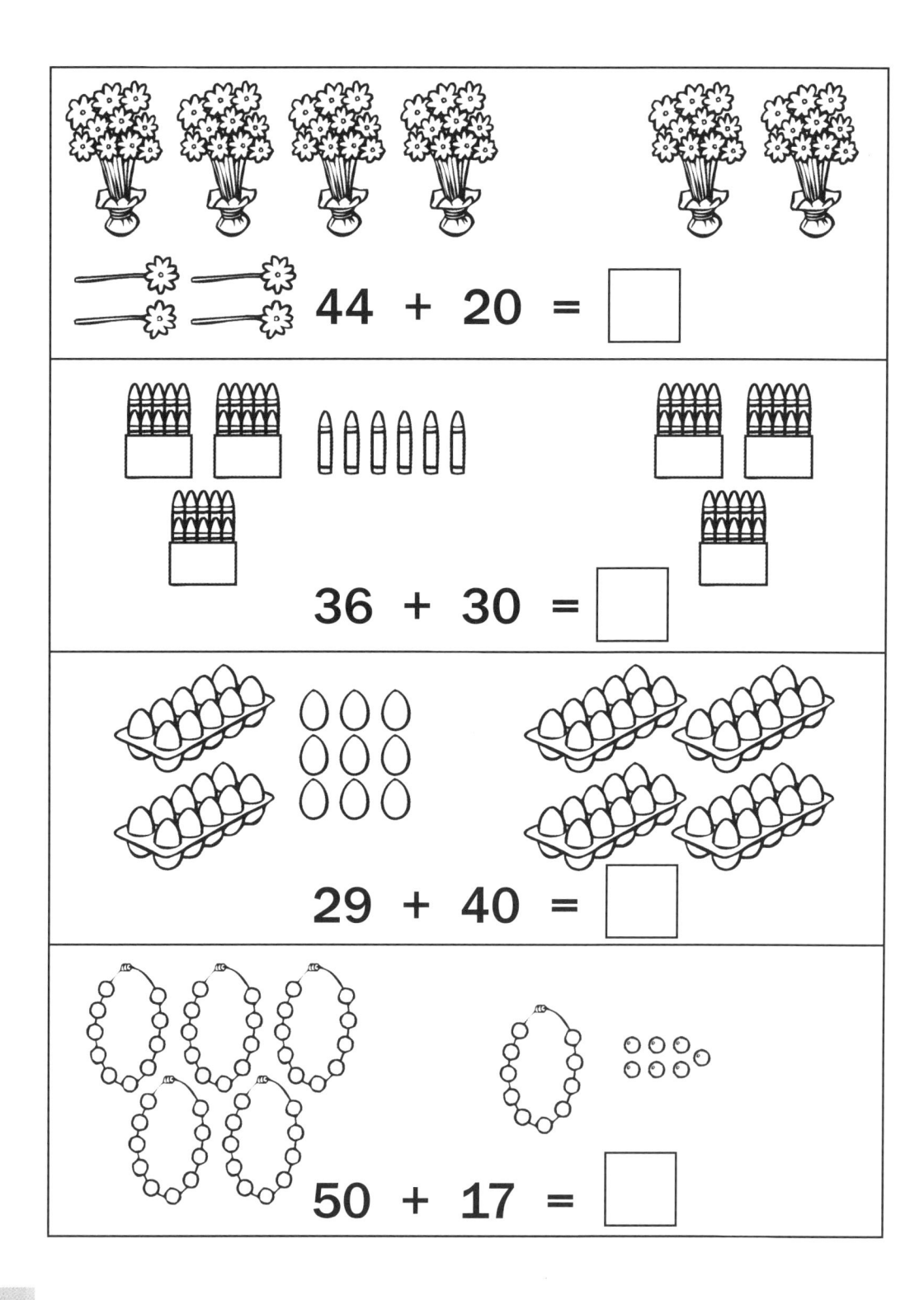

50 + 17 = ☐

2 Additionnez.

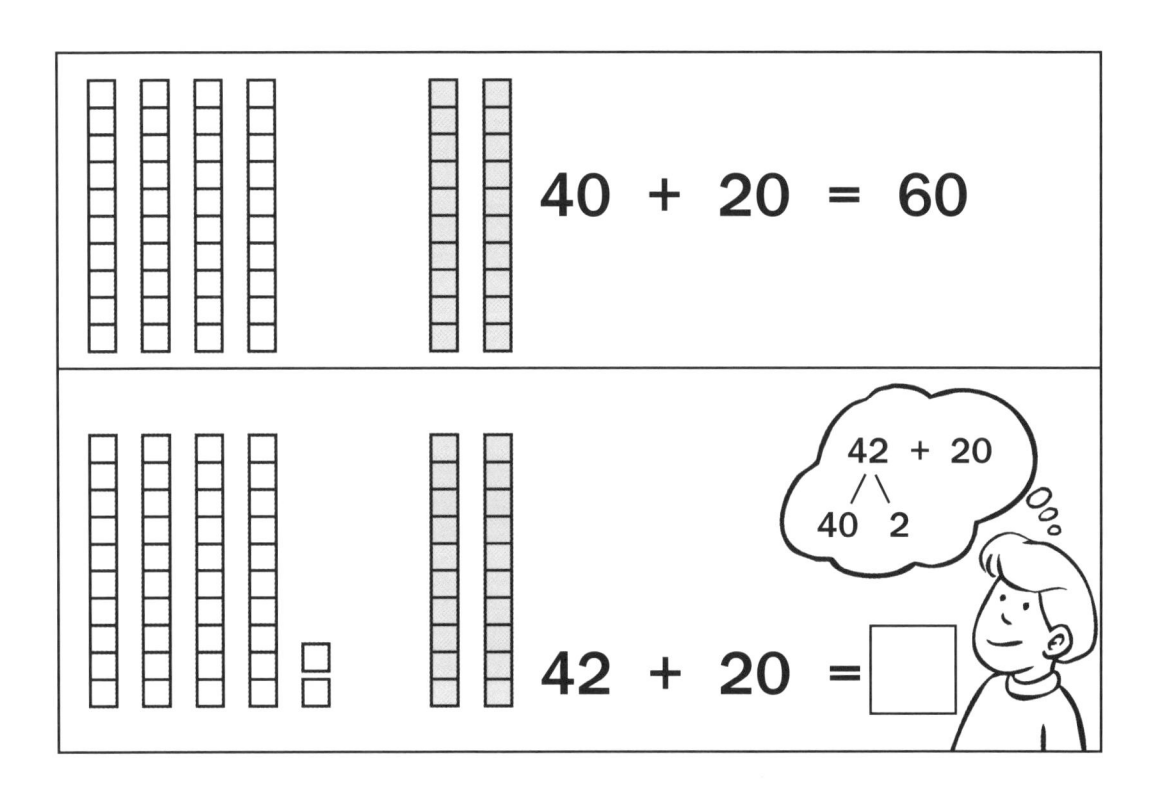

40 + 20 = 60

42 + 20 = ☐

20 + 20 = ☐	30 + 30 = ☐
20 + 26 = ☐	38 + 30 = ☐
10 + 30 = ☐	20 + 30 = ☐
17 + 30 = ☐	20 + 35 = ☐
40 + 20 = ☐	10 + 40 = ☐
44 + 20 = ☐	11 + 40 = ☐

Les nombres jusqu'à 69

Exercice 61

1 Additionnez.

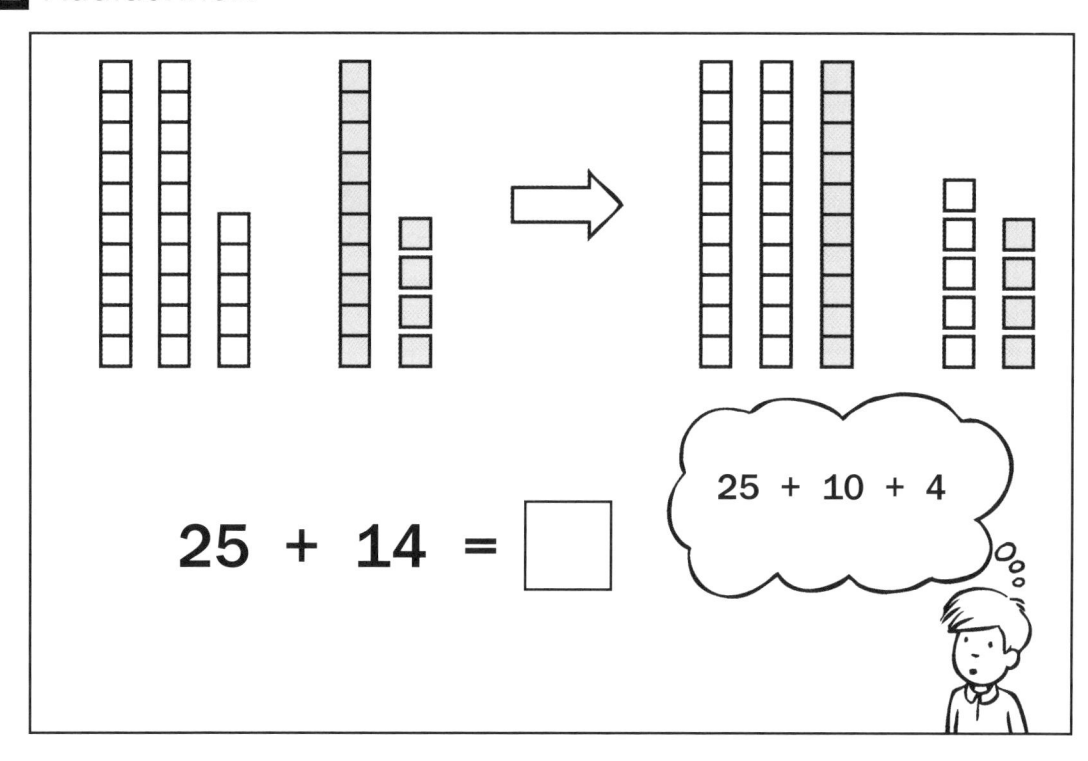

25 + 14 = ☐   *25 + 10 + 4*

55 + 13 = ☐	24 + 12 = ☐
55 + 10 + 3 = ☐	24 + 10 + 2 = ☐
37 + 13 = ☐	46 + 14 = ☐
37 + 10 + 3 = ☐	46 + 10 + 4 = ☐
25 + 17 = ☐	48 + 16 = ☐
25 + 10 + 7 = ☐	48 + 10 + 6 = ☐

Les nombres jusqu'à 69

2 Additionnez.

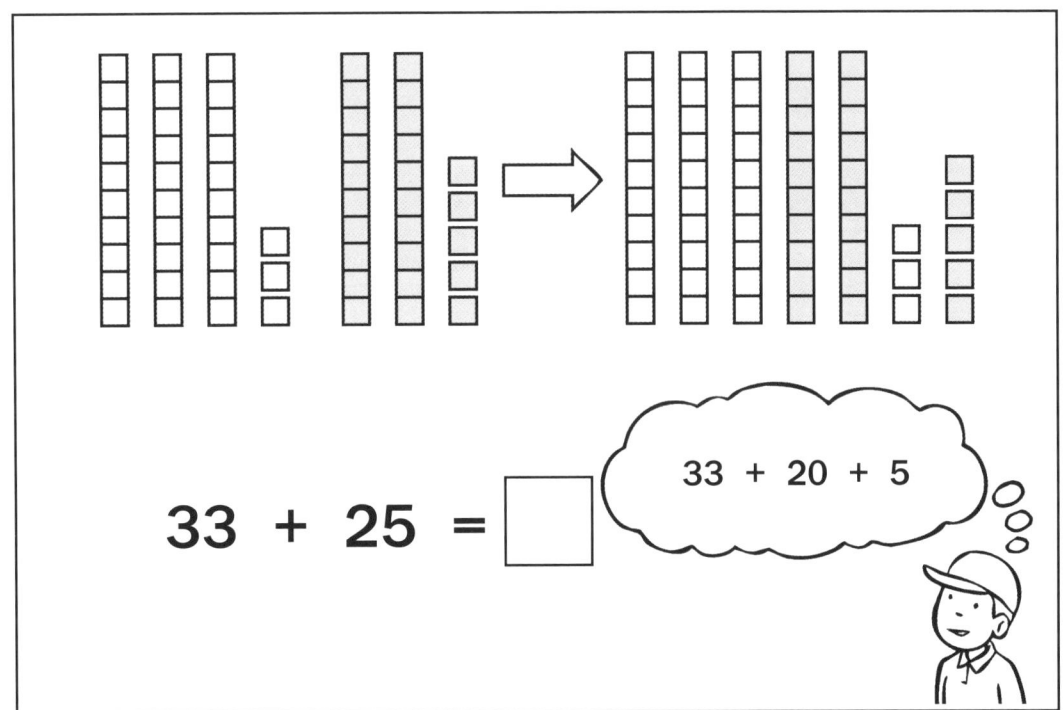

33 + 25 = ☐   33 + 20 + 5

32 + 36 = ☐	25 + 42 = ☐
32 + 30 + 6 = ☐	25 + 40 + 2 = ☐
15 + 25 = ☐	38 + 22 = ☐
15 + 20 + 5 = ☐	38 + 20 + 2 = ☐
27 + 38 = ☐	25 + 29 = ☐
27 + 30 + 8 = ☐	25 + 20 + 9 = ☐

Les nombres jusqu'à 69

Exercice 62

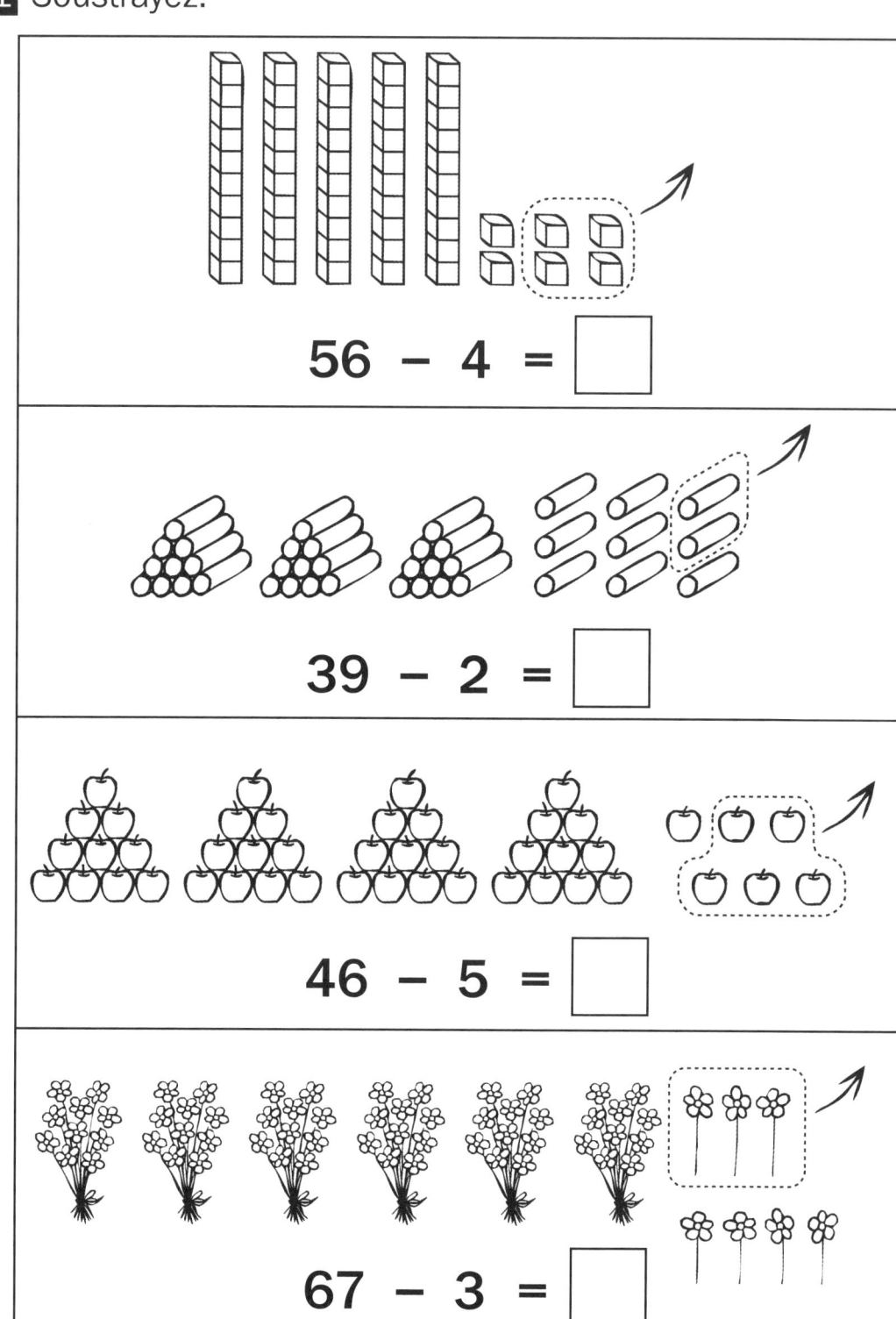

1 Soustrayez.

$56 - 4 = \boxed{}$

$39 - 2 = \boxed{}$

$46 - 5 = \boxed{}$

$67 - 3 = \boxed{}$

Les nombres jusqu'à 69

2 Soustrayez.

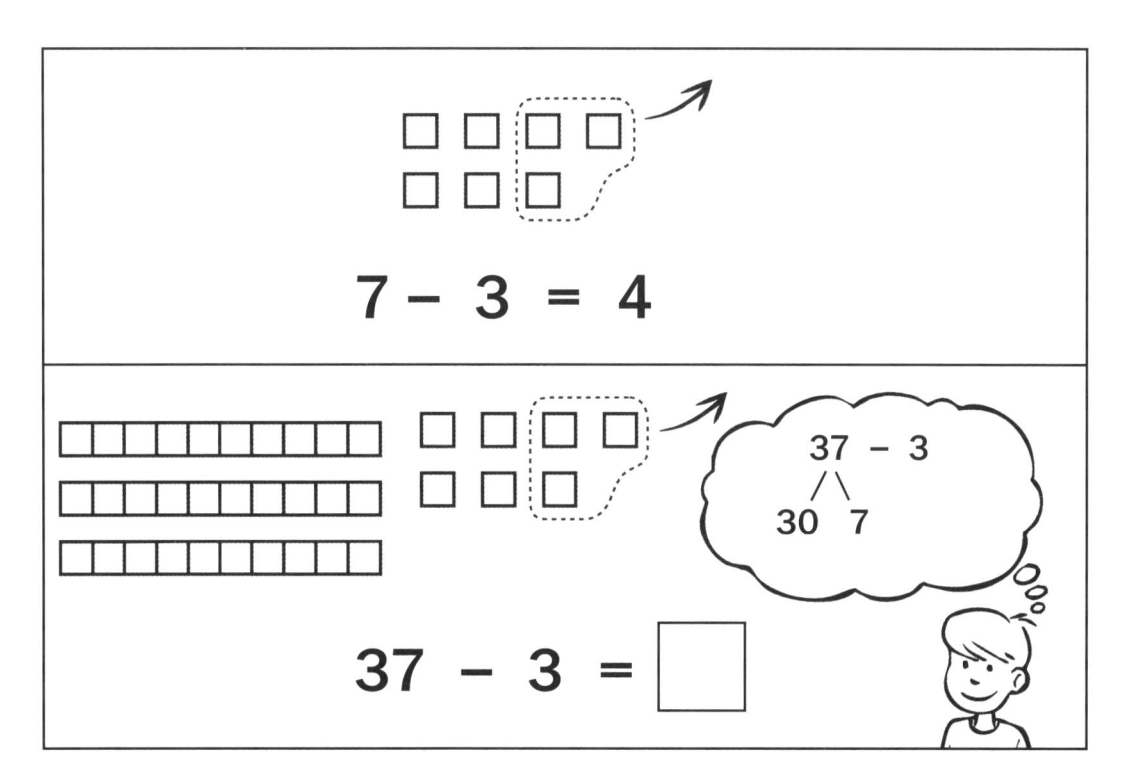

7 − 3 = 4

37 − 3 = ☐

(37 − 3 ; 30, 7)

5 − 3 = ☐	8 − 5 = ☐
65 − 3 = ☐	28 − 5 = ☐
6 − 2 = ☐	7 − 4 = ☐
46 − 2 = ☐	37 − 4 = ☐
8 − 6 = ☐	9 − 5 = ☐
58 − 6 = ☐	19 − 5 = ☐

Exercice 63

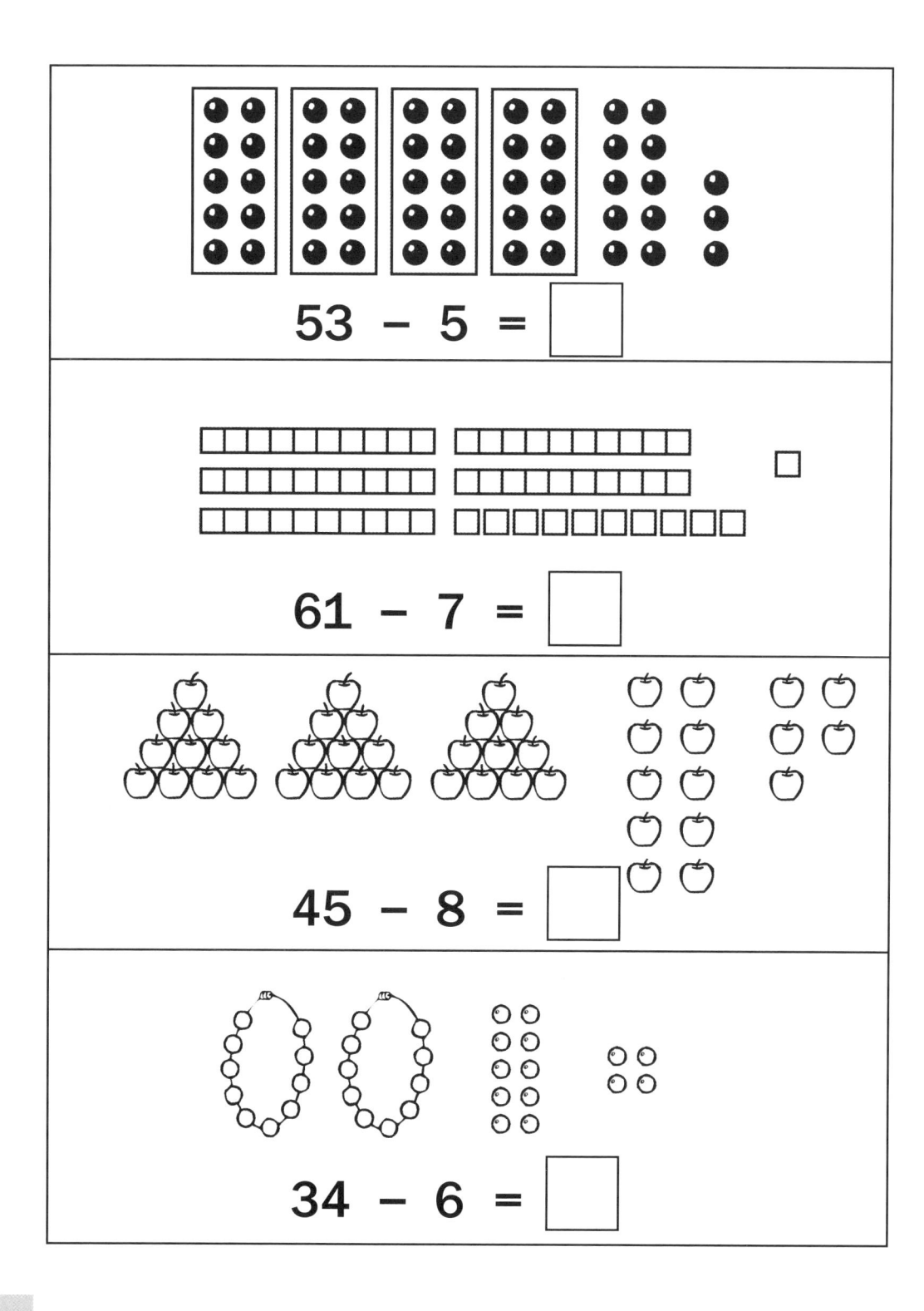

1 Soustrayez.

53 − 5 = ☐

61 − 7 = ☐

45 − 8 = ☐

34 − 6 = ☐

Les nombres jusqu'à 69

2 Soustrayez.

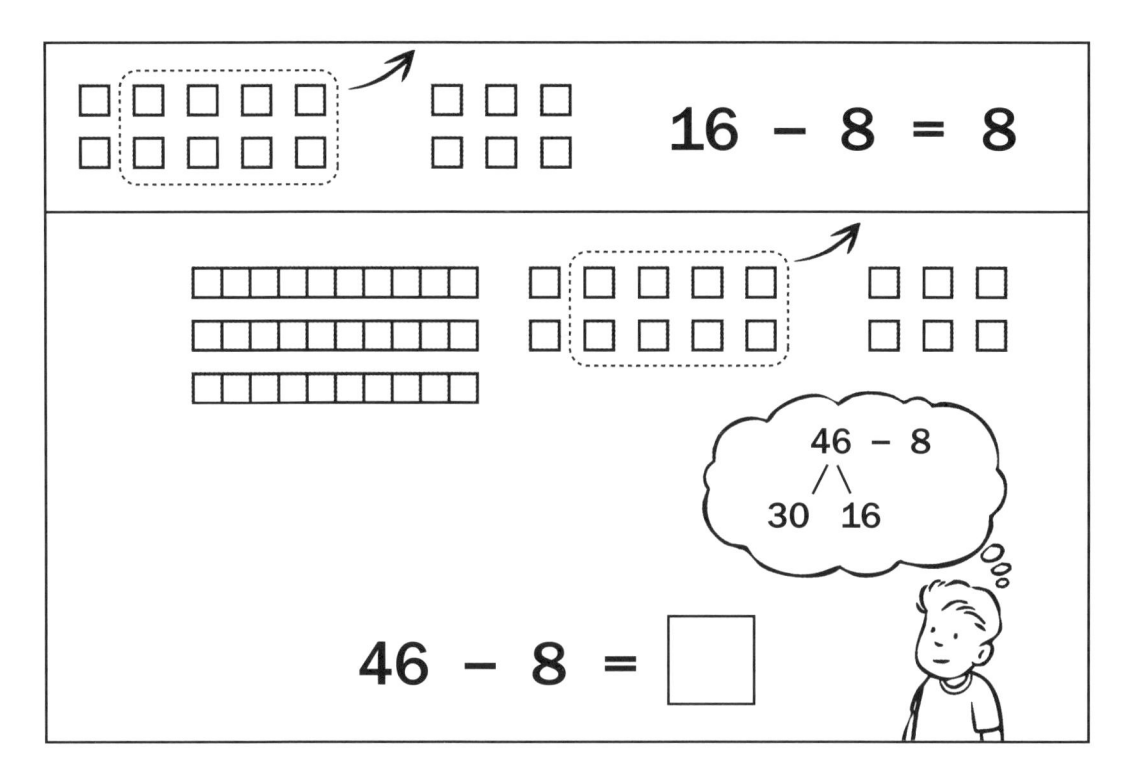

16 − 8 = 8

46 − 8
/ \
30 16

46 − 8 = ☐

14 − 7 = ☐	13 − 5 = ☐
54 − 7 = ☐	63 − 5 = ☐
11 − 5 = ☐	14 − 9 = ☐
61 − 5 = ☐	24 − 9 = ☐
12 − 7 = ☐	13 − 6 = ☐
32 − 7 = ☐	43 − 6 = ☐

Exercice 64

1 Soustrayez.

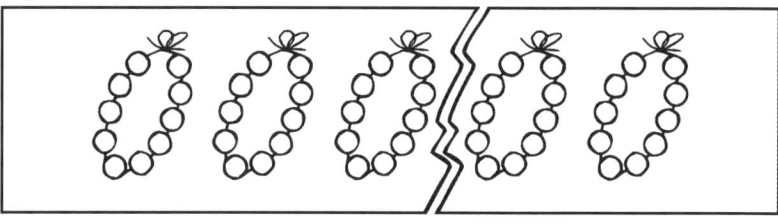

50 − 20 = ☐
5 dizaines − 2 dizaines = ☐

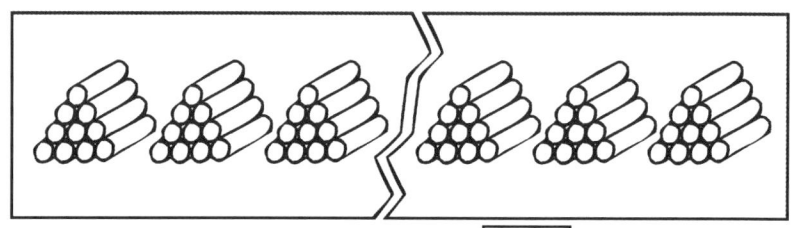

60 − 30 = ☐
6 dizaines − 3 dizaines = ☐

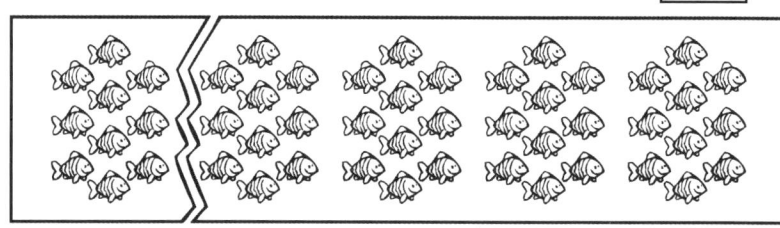

50 − 40 = ☐
5 dizaines − 4 dizaines = ☐

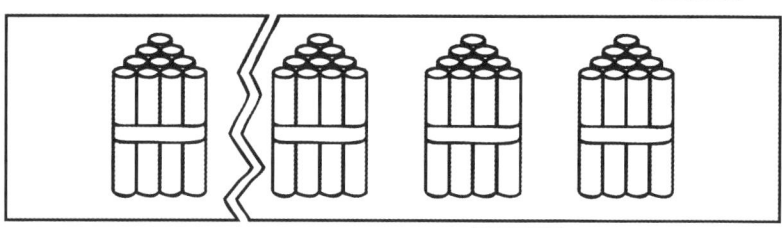

40 − 30 = ☐
4 dizaines − 3 dizaines = ☐

142   Les nombres jusqu'à 69

Exercice 65

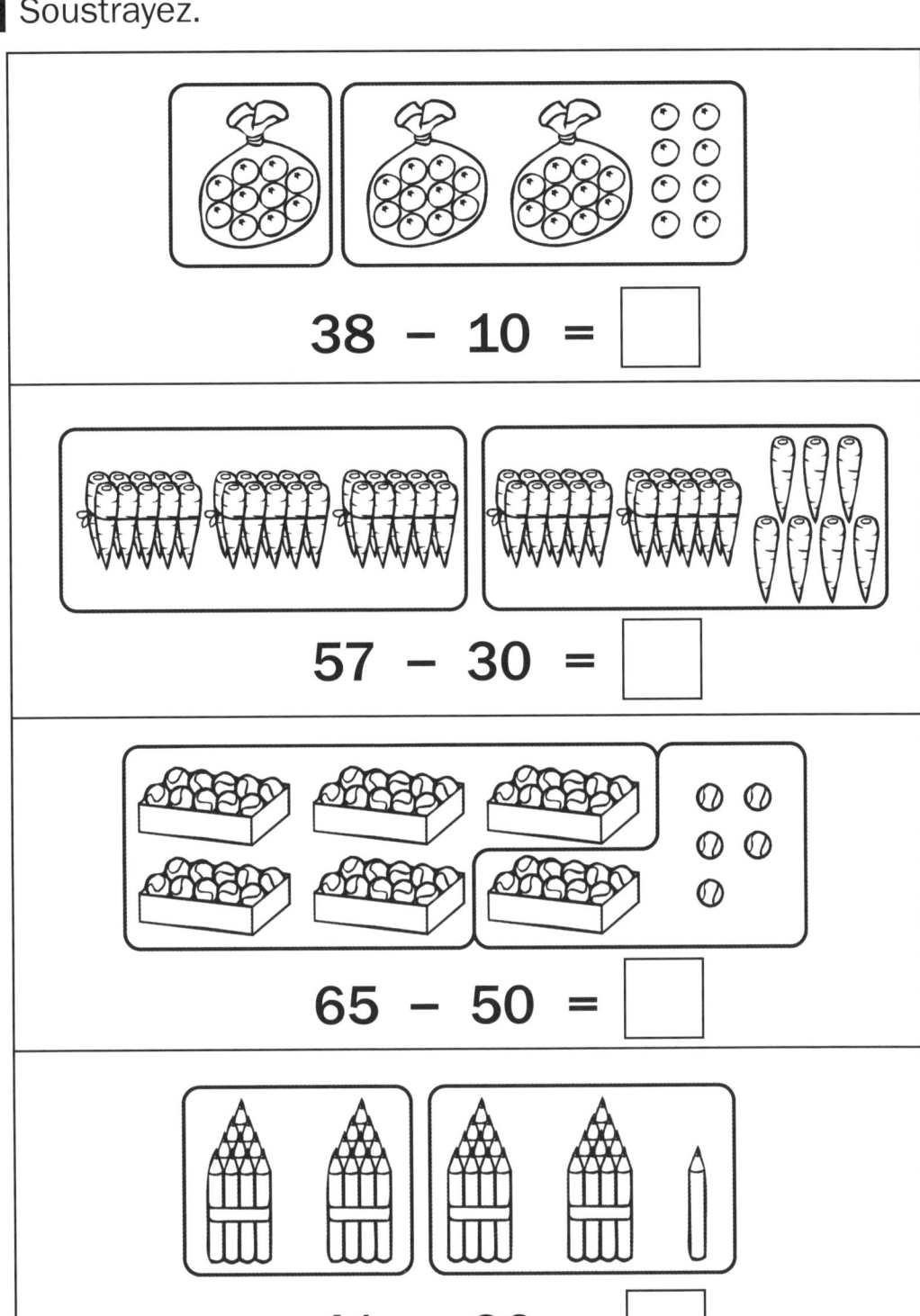

1 Soustrayez.

38 − 10 = ☐

57 − 30 = ☐

65 − 50 = ☐

41 − 20 = ☐

2 Soustrayez.

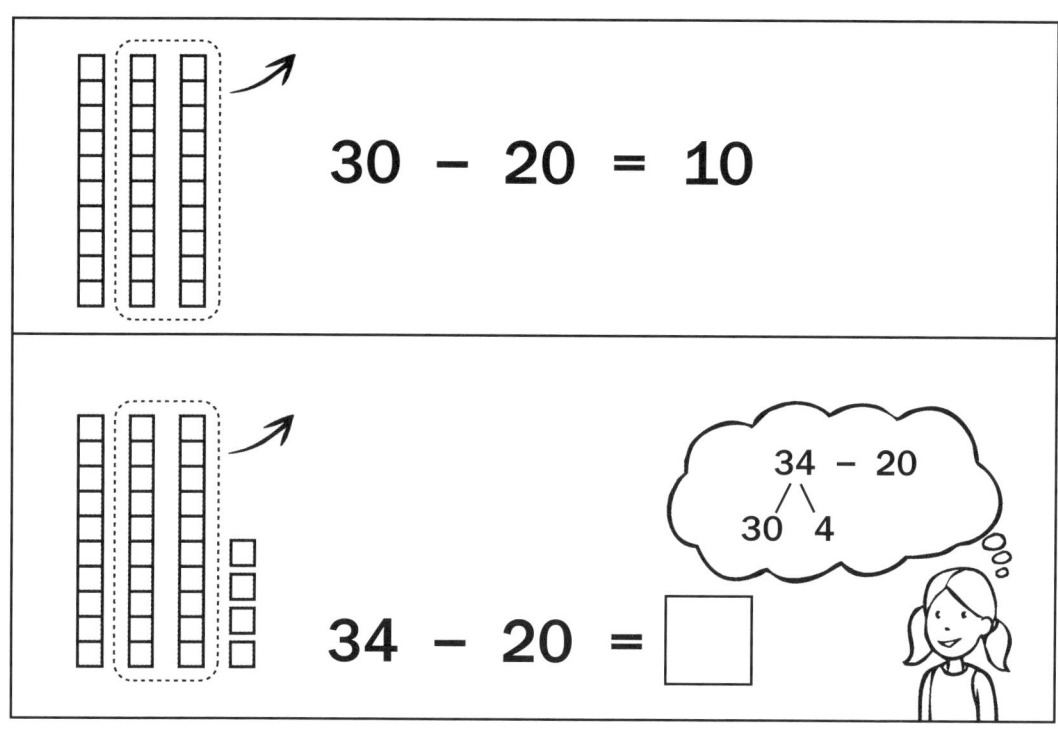

30 − 20 = 10

34 − 20 = ☐

(34 − 20 ; 30 et 4)

40 − 30 = ☐	60 − 50 = ☐
49 − 30 = ☐	62 − 50 = ☐
30 − 10 = ☐	50 − 30 = ☐
36 − 10 = ☐	53 − 30 = ☐
50 − 40 = ☐	30 − 20 = ☐
57 − 40 = ☐	35 − 20 = ☐

Les nombres jusqu'à 69

Exercice 66

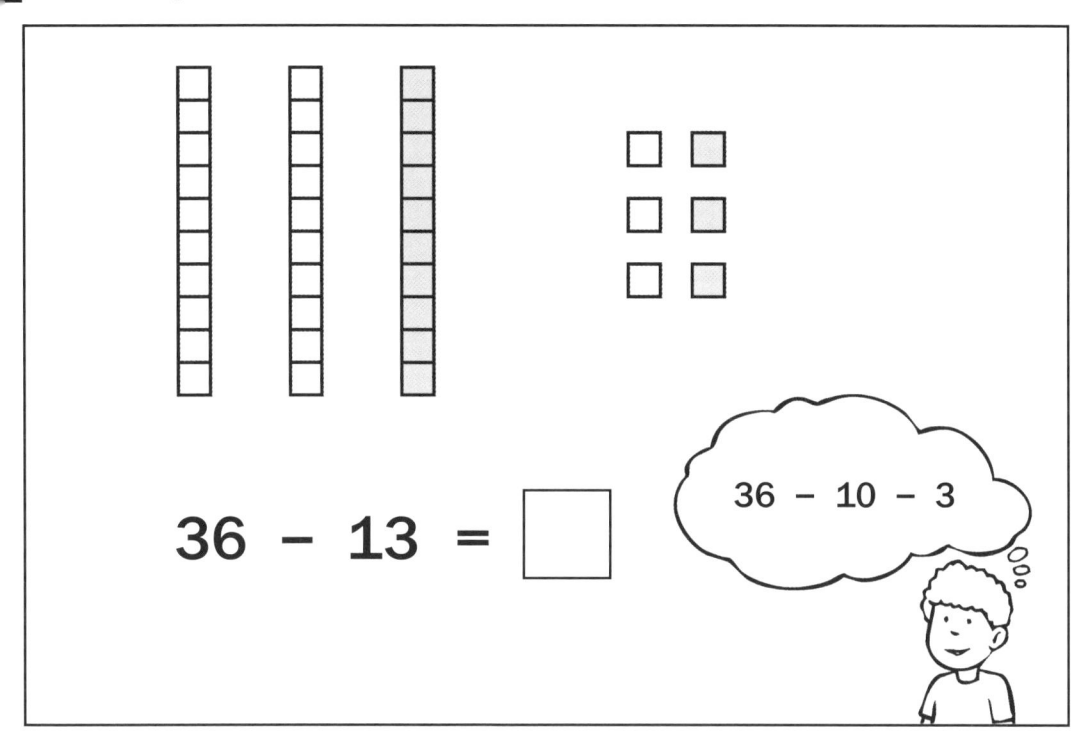

Soustrayez.

36 − 13 = ☐

36 − 10 − 3

47 − 12 = ☐ 47 − 10 − 2 = ☐	67 − 15 = ☐ 67 − 10 − 5 = ☐
58 − 18 = ☐ 58 − 10 − 8 = ☐	60 − 14 = ☐ 60 − 10 − 4 = ☐
43 − 17 = ☐ 43 − 10 − 7 = ☐	61 − 13 = ☐ 61 − 10 − 3 = ☐

Les nombres jusqu'à 69

2 Soustrayez.

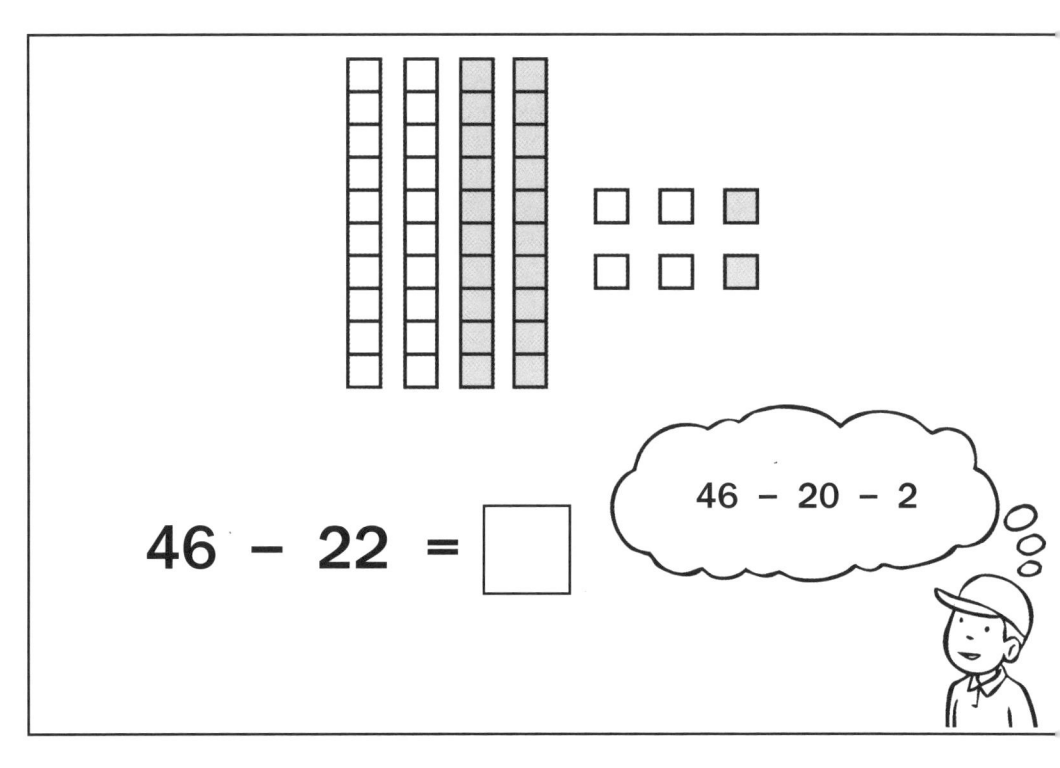

46 − 22 = ☐

46 − 20 − 2

68 − 24 = ☐ 68 − 20 − 4 = ☐	55 − 42 = ☐ 55 − 40 − 2 = ☐
53 − 33 = ☐ 53 − 30 − 3 = ☐	40 − 28 = ☐ 40 − 20 − 8 = ☐
63 − 47 = ☐ 63 − 40 − 7 = ☐	36 − 23 = ☐ 36 − 20 − 3 = ☐

Les nombres jusqu'à 69

Exercice 67

1 Reliez selon le modèle.

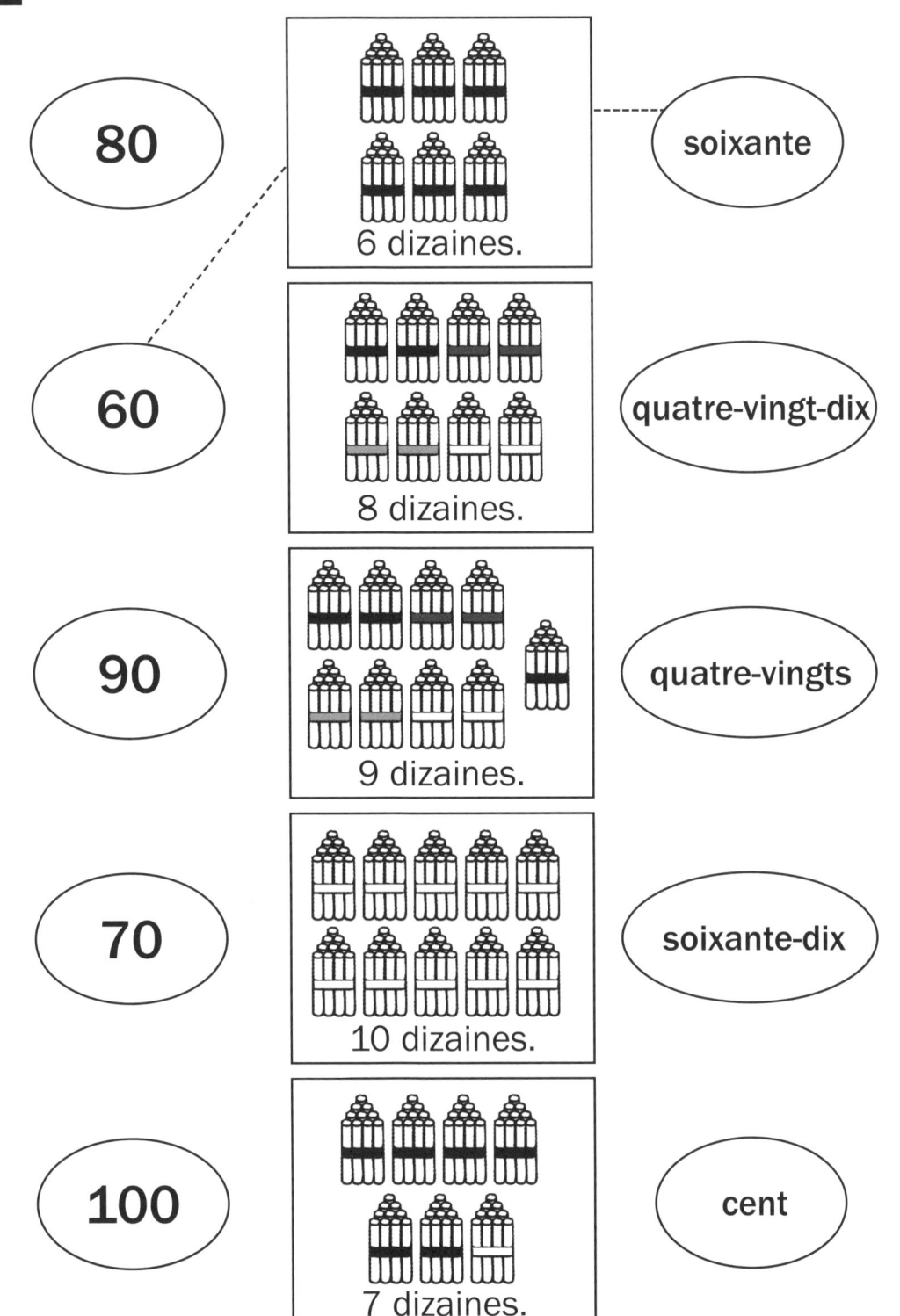

- 80
- 60
- 90
- 70
- 100

- 6 dizaines.
- 8 dizaines.
- 9 dizaines.
- 10 dizaines.
- 7 dizaines.

- soixante
- quatre-vingt-dix
- quatre-vingts
- soixante-dix
- cent

Les nombres de 70 à 100

2 Écrivez le nombre de dizaines, son équivalent en chiffres, puis son écriture en lettres.

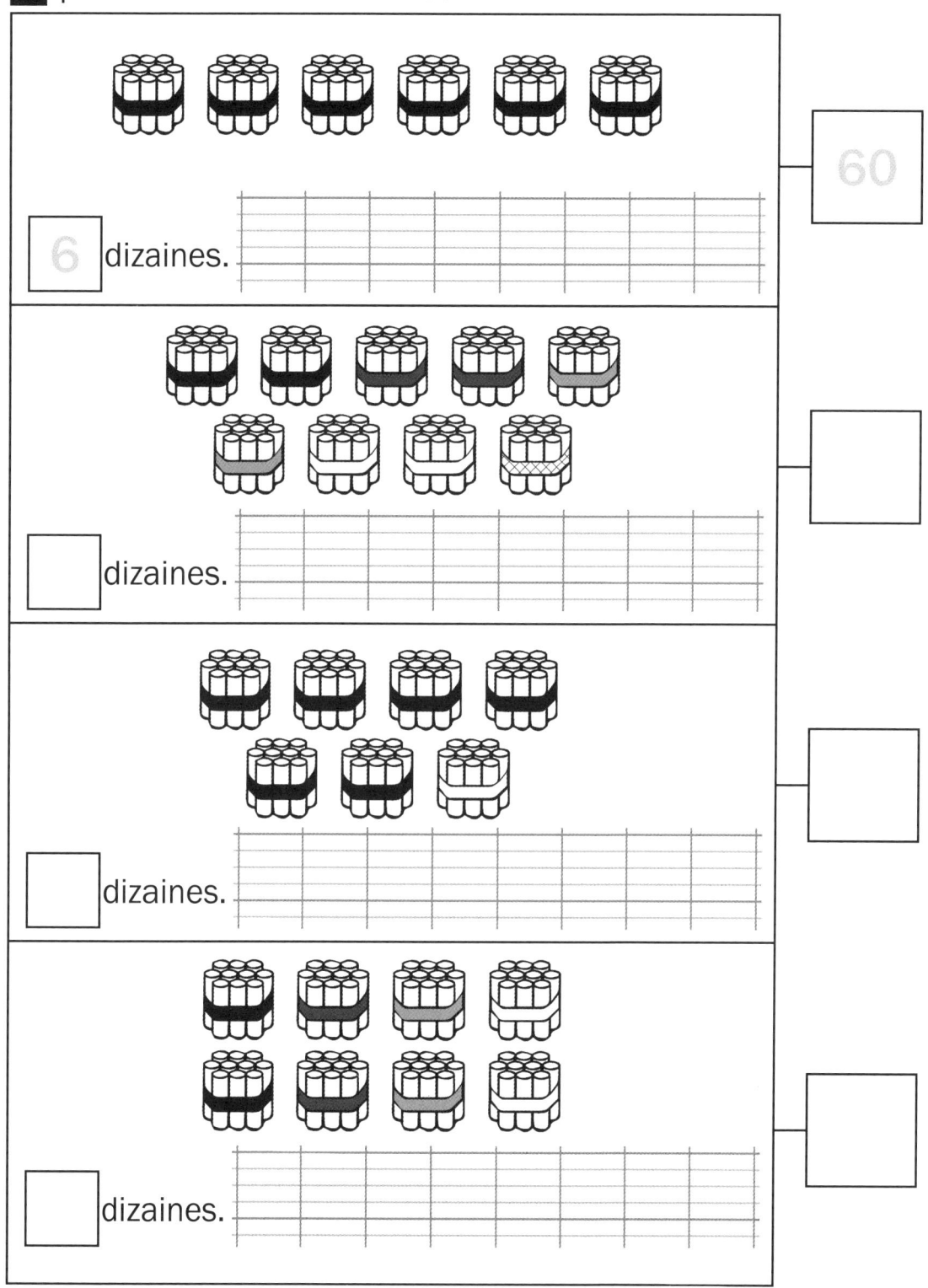

6 dizaines. — 60

___ dizaines.

___ dizaines.

___ dizaines.

3 Écrivez les nombres.

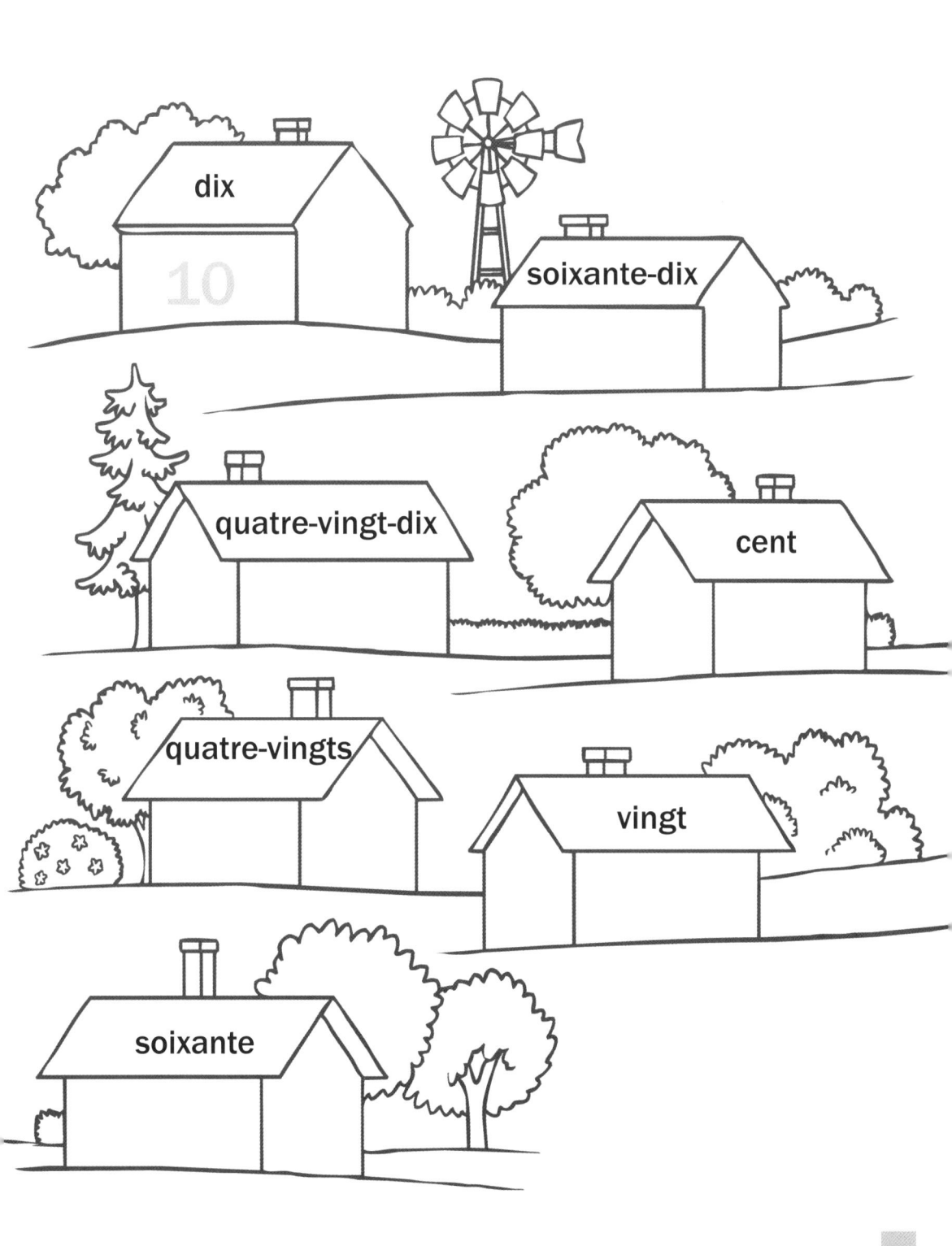

- dix
- soixante-dix
- quatre-vingt-dix
- cent
- quatre-vingts
- vingt
- soixante

Les nombres de 70 à 100

Exercice 68

1 Reliez.

7 dizaines et 9 unités	95	60 + 19	quatre-vingt-quinze
9 dizaines et 5 unités	86	80 + 15	soixante-sept
6 dizaines et 7 unités	79	60 + 7	soixante-dix-neuf
8 dizaines et 6 unités	67	80 + 6	quatre-vingt-six
6 dizaines et 3 unités	73	60 + 3	quatre-vingt-treize
7 dizaines et 3 unités	93	80 + 13	soixante-trois
9 dizaines et 3 unités	63	60 + 13	quatre-vingt-trois
8 dizaines et 3 unités	83	80 + 3	soixante-treize

Les nombres de 70 à 100

2 Coloriez le nombre d'éléments correspondant au nombre indiqué.

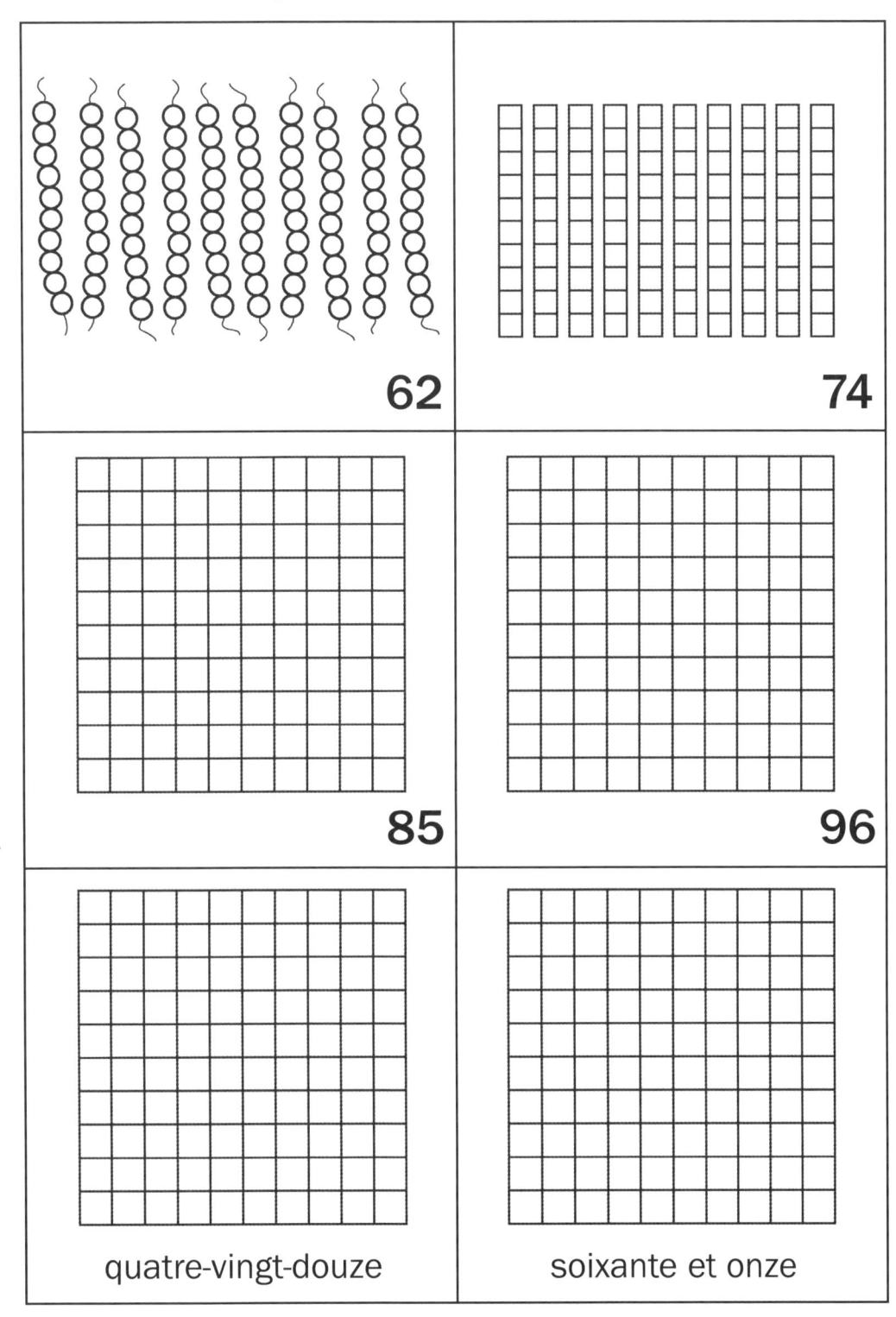

62	74
85	96
quatre-vingt-douze	soixante et onze

Les nombres de 70 à 100

Exercice 69

1 Écrivez le nombre de dizaines et d'unités, puis l'équivalent en chiffres et en lettres.

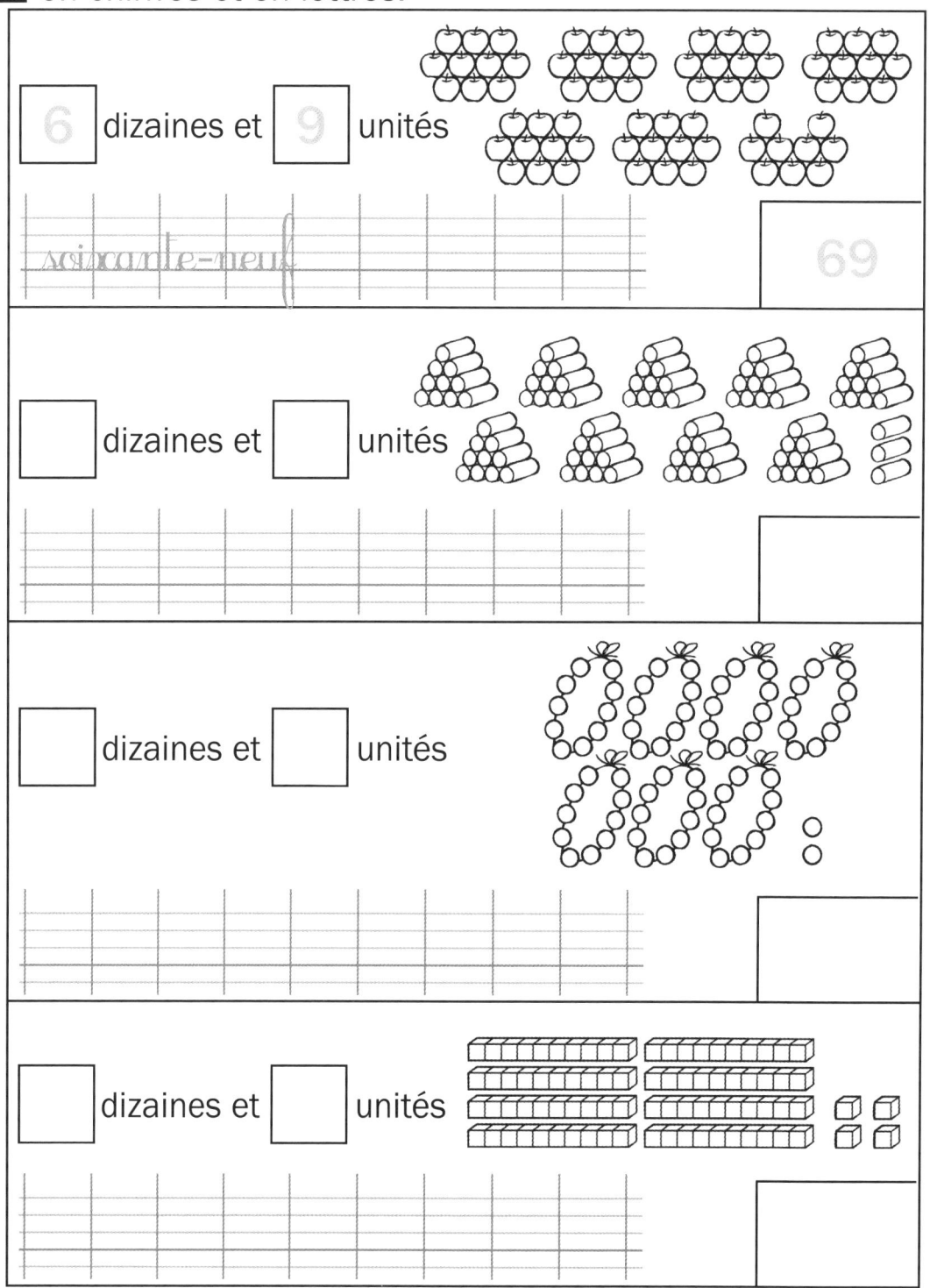

[6] dizaines et [9] unités

soixante-neuf — 69

[ ] dizaines et [ ] unités

[ ] dizaines et [ ] unités

[ ] dizaines et [ ] unités

Les nombres de 70 à 100

2 Écrivez le nombre de dizaines et d'unités, puis l'équivalent en chiffres et en lettres.

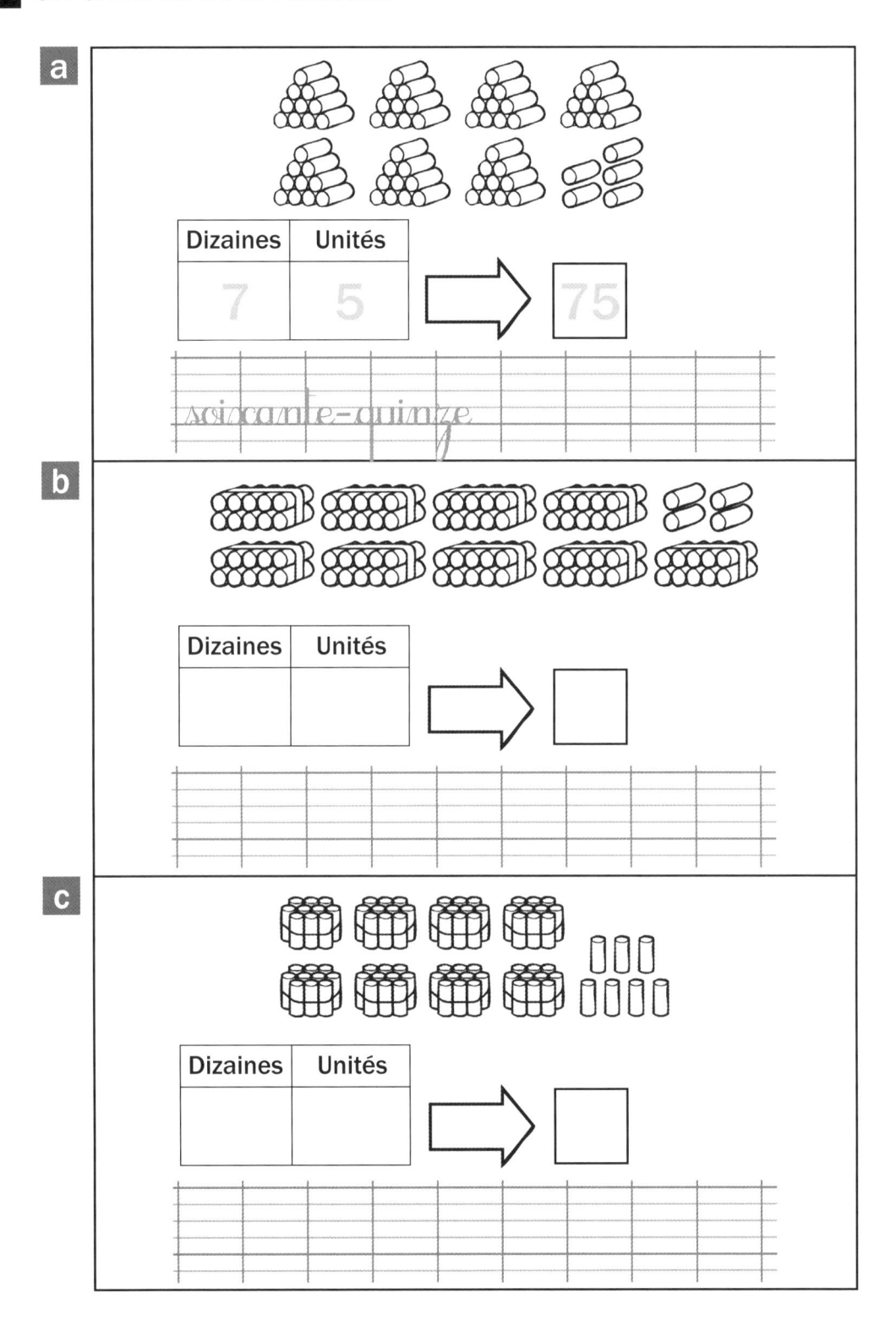

a

Dizaines	Unités
7	5

➡ 75

soixante-quinze

b

Dizaines	Unités

➡ ☐

c

Dizaines	Unités

➡ ☐

Les nombres de 70 à 100

Exercice 70

1 Reliez chaque souris à son morceau de fromage.

quatre-vingt-seize — 100 — cent

86

soixante-dix — 96 — quatre-vingt-six

70

soixante-neuf — 69 — soixante et onze

71

2 Écrivez les nombres sur les tentes.

64
soixante-quatre

soixante-douze

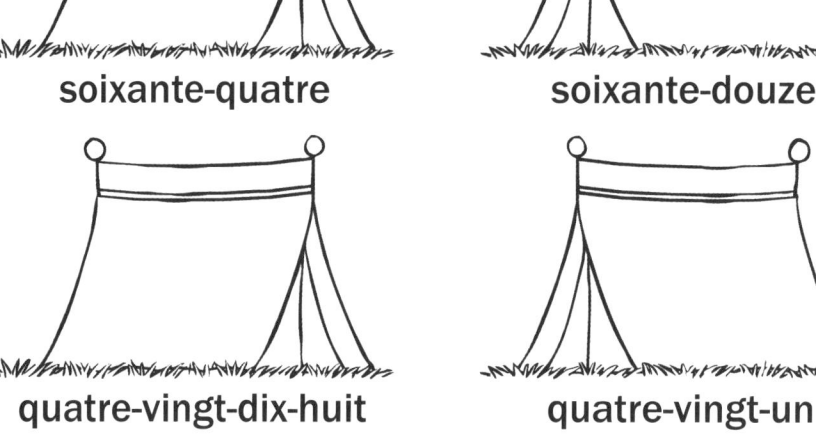

quatre-vingt-dix-huit

quatre-vingt-un

Exercice 71

1 Complétez.

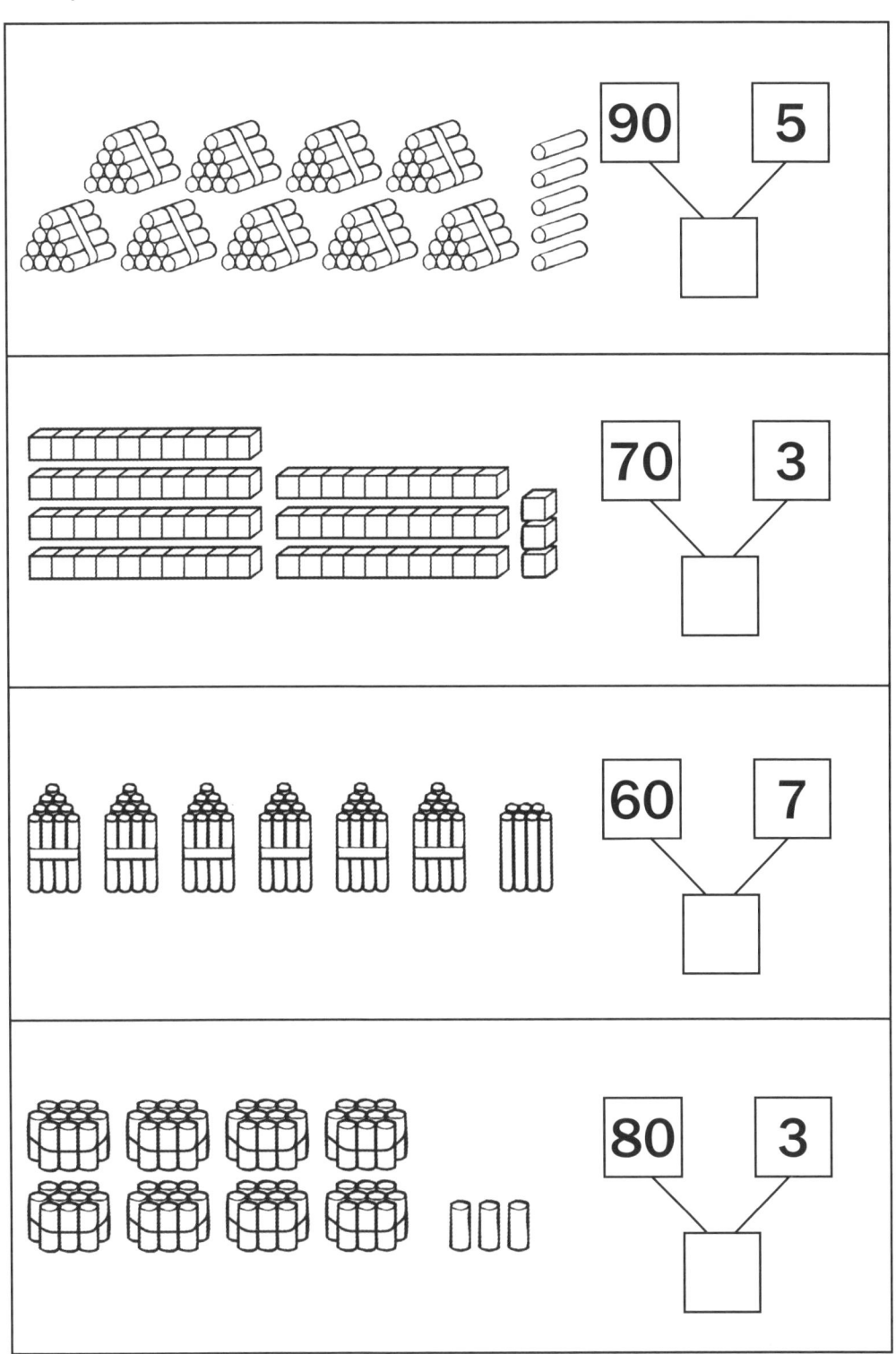

(9 bundles of 10 + 5 sticks)	90 / 5 → ☐
(7 rods of 10 + 3 cubes)	70 / 3 → ☐
(6 bundles + 7 sticks)	60 / 7 → ☐
(8 bundles + 3 sticks)	80 / 3 → ☐

Les nombres de 70 à 100

2 Additionnez.

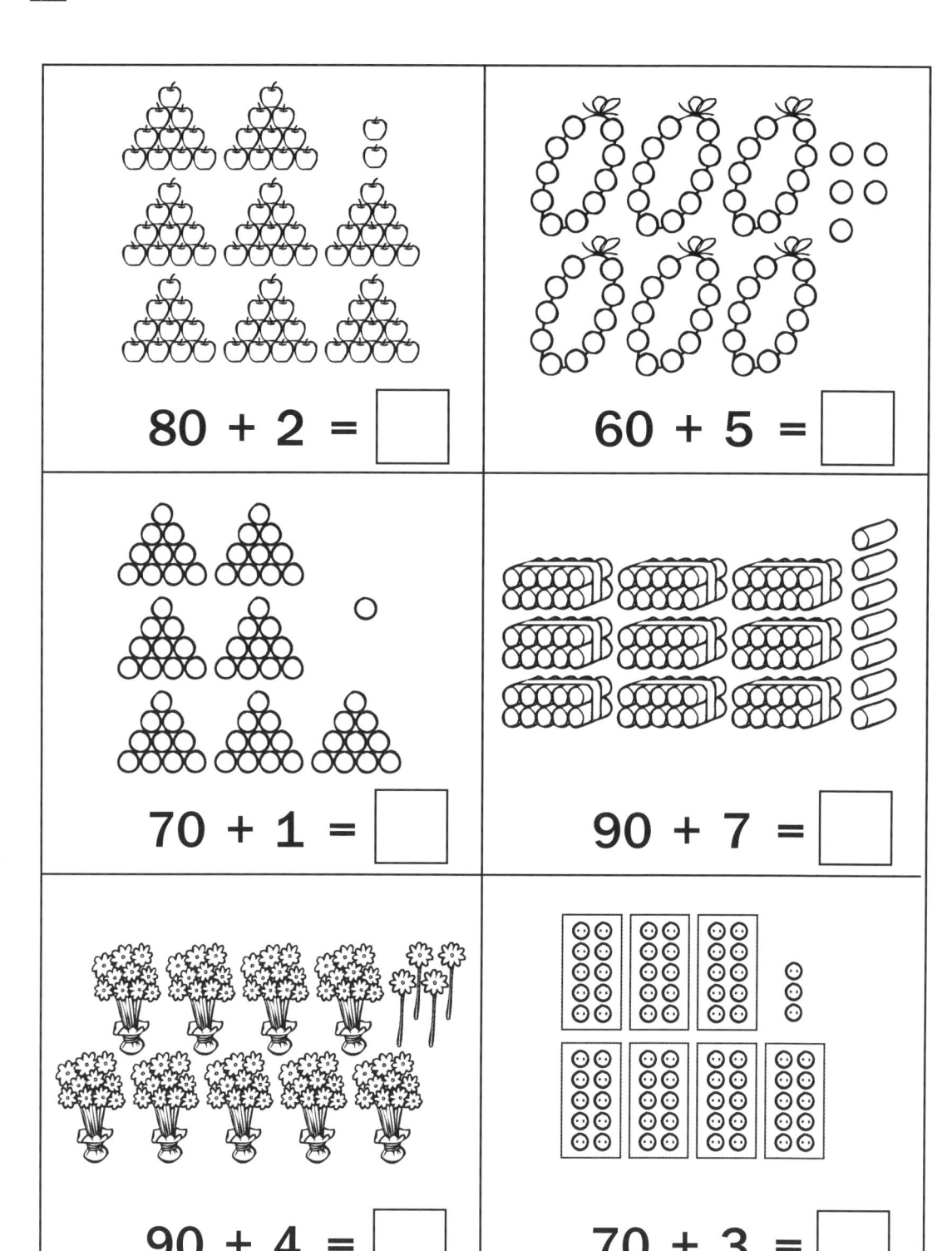

80 + 2 = ☐

60 + 5 = ☐

70 + 1 = ☐

90 + 7 = ☐

90 + 4 = ☐

70 + 3 = ☐

Exercice 72

1 Complétez les suites de nombres.

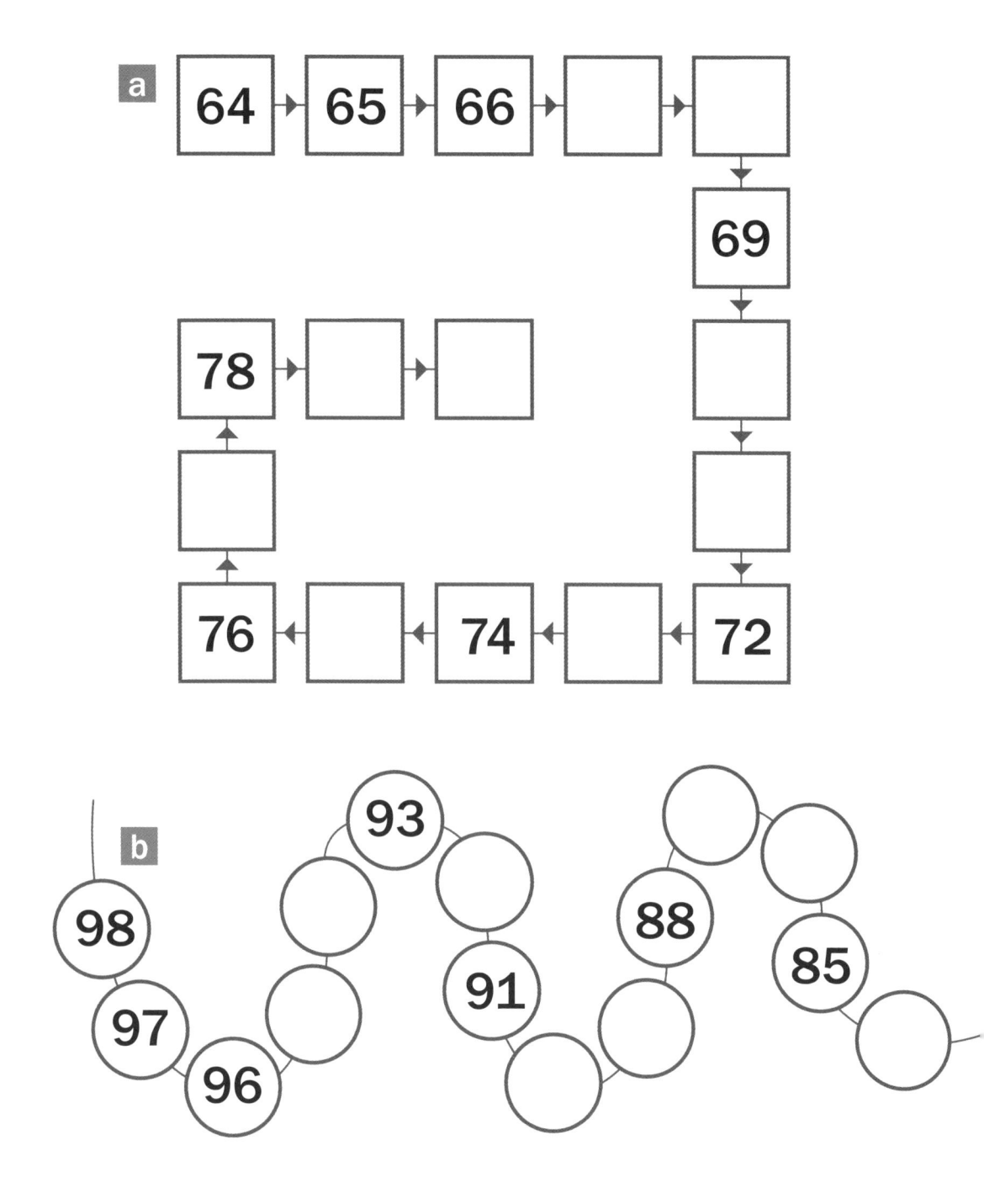

a) 64 → 65 → 66 → ☐ → ☐ → 69 → ☐ → ☐ → 72 ← ☐ ← 74 ← ☐ ← 76 ↑ ☐ ↑ 78 → ☐ → ☐

b) 98 — 97 — 96 — ☐ — ☐ — 93 — ☐ — ☐ — 91 — ☐ — ☐ — 88 — ☐ — ☐ — 85 — ☐

Les nombres de 70 à 100

Exercice 73

1 Classez les nombres ci-dessous.

a

Du plus petit au plus grand.

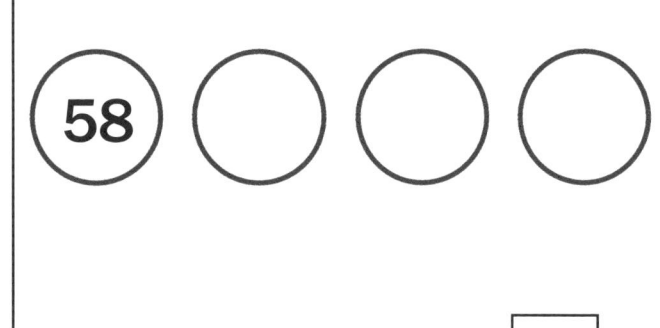

85　97　79　58

58　◯　◯　◯

Le nombre le plus petit est ☐.

Le nombre le plus grand est ☐.

b

Du plus grand au plus petit.

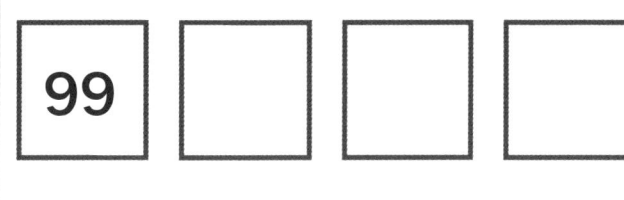

69　99　96　84

99　☐　☐　☐

Le nombre le plus petit est ☐.

Le nombre le plus grand est ☐.

Exercice 74

1 Complétez les phrases.

14

Le nombre plus grand que 14 de 1 unité est ☐.

Le nombre plus grand que 14 de 1 dizaine est ☐.

Le nombre plus grand que 63 de 1 unité est ☐.

Le nombre plus grand que 63 de 1 dizaine est ☐.

Le nombre plus grand que 76 de 1 unité est ☐.

Le nombre plus grand que 76 de 1 dizaine est ☐.

Les nombres de 70 à 100

2 Complétez les phrases.

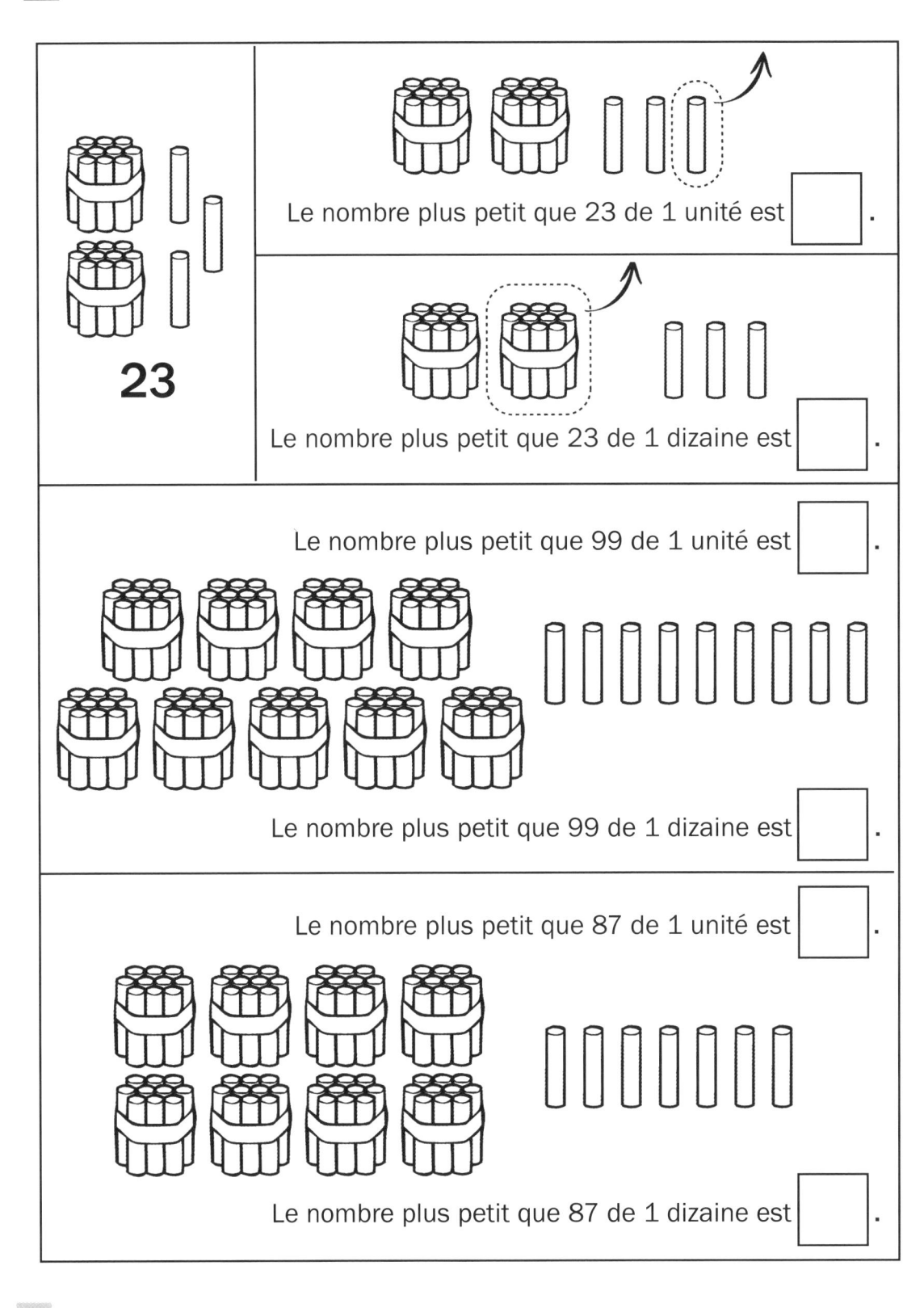

Le nombre plus petit que 23 de 1 unité est ☐.

Le nombre plus petit que 23 de 1 dizaine est ☐.

Le nombre plus petit que 99 de 1 unité est ☐.

Le nombre plus petit que 99 de 1 dizaine est ☐.

Le nombre plus petit que 87 de 1 unité est ☐.

Le nombre plus petit que 87 de 1 dizaine est ☐.

Exercice 75

1 Complétez en suivant l'ordre des flèches.

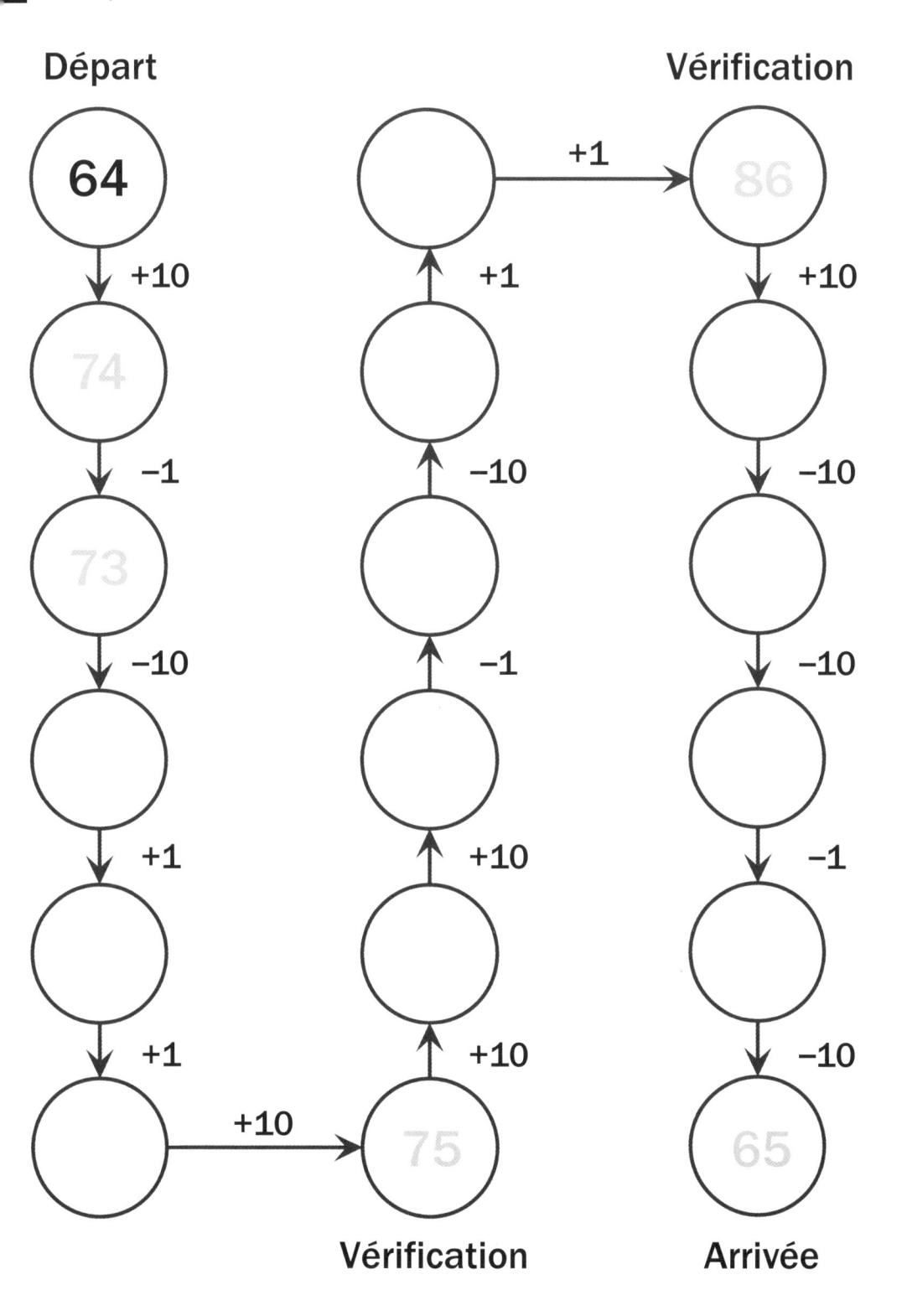

Départ

64 → +10 → 74 → −1 → 73 → −10 → ◯ → +1 → ◯ → +1 → ◯ → +10 → 75 **Vérification**

75 → +10 → ◯ → +10 → ◯ → −1 → ◯ → −10 → ◯ → +1 → ◯ → +1 → 86 **Vérification**

86 → +10 → ◯ → −10 → ◯ → −10 → ◯ → −1 → ◯ → −10 → 65 **Arrivée**

Exercice 76

1

1	2	3	4	5	6	7	8	9	10
11	12	13	14	15	16	17	18	19	20
21	22	23	24	25	26	27	28	29	30
31	32	33	34	35	36	37	38	39	40
41	42	43	44	45	46	47	48	49	50
51	52	53	54	55	56	57	58	59	60
61	62	63	64	65	66	67	68	69	70
71	72	73	74	75	76	77	78	79	80
81	82	83	84	85	86	87	88	89	90
91	92	93	94	95	96	97	98	99	100

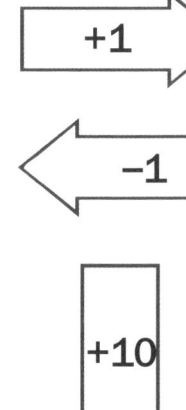

+1
−1
+10
−10

Complétez.

a 65 + 10 = ☐

Je compte 1 dizaine à partir de 65.

b 49 + 30 = ☐

Je compte 3 dizaines à partir de 49.

c 95 − 20 = ☐

Je compte 2 dizaines à rebours à partir de 95.

Les nombres de 70 à 100

d 78 − 2 = ☐

Je compte 2 unités à rebours à partir de 78.

e 71 + 3 = ☐

Je compte 3 unités à partir de 71.

f 96 − 30 = ☐

Je compte 3 dizaines à rebours à partir de 96.

g 87 − 3 = ☐

Je compte 3 unités à rebours à partir de 87.

h 64 + 20 = ☐

Je compte 2 dizaines à partir de 64.

Exercice 77

1 Aidez-vous du tableau ci-dessous pour compléter les phrases.

61	62	63	64	65	66		68	69	70
71		73	74	75		77		79	80
	82		84	85	86		88	89	90
91		93	94	95	96	97	98	99	100

a Le nombre plus grand que 77 de 1 unité est ☐.

b Le nombre plus grand que 77 de 1 dizaine est ☐.

c Le nombre plus petit que 82 de 1 unité est ☐.

d Le nombre plus petit que 82 de 1 dizaine est ☐.

e Le nombre plus grand que 80 de 1 unité est ☐.

f Le nombre plus petit que 80 de 2 unités est ☐.

g Le nombre plus petit que 84 de 3 unités est ☐.

h Le nombre plus petit que 86 de 1 dizaine est ☐.

i Le nombre plus petit que 98 de 2 dizaines est ☐.

j Le nombre plus grand que 62 de 3 dizaines est ☐.

k Le nombre plus petit que 96 de 2 dizaines est ☐.

Les nombres de 70 à 100

Exercice 78

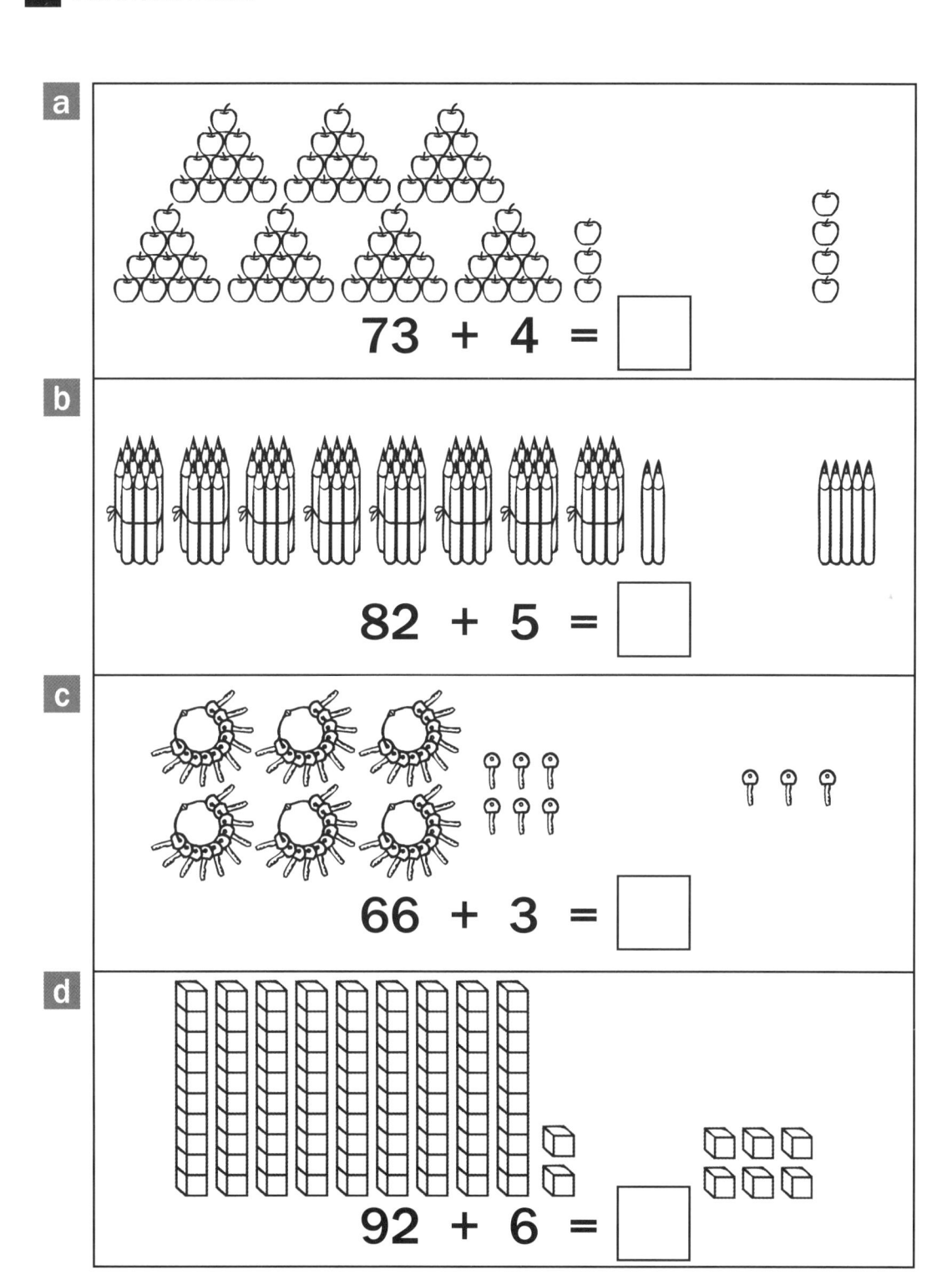

1 Additionnez.

a 73 + 4 =

b 82 + 5 =

c 66 + 3 =

d 92 + 6 =

Les nombres de 70 à 100

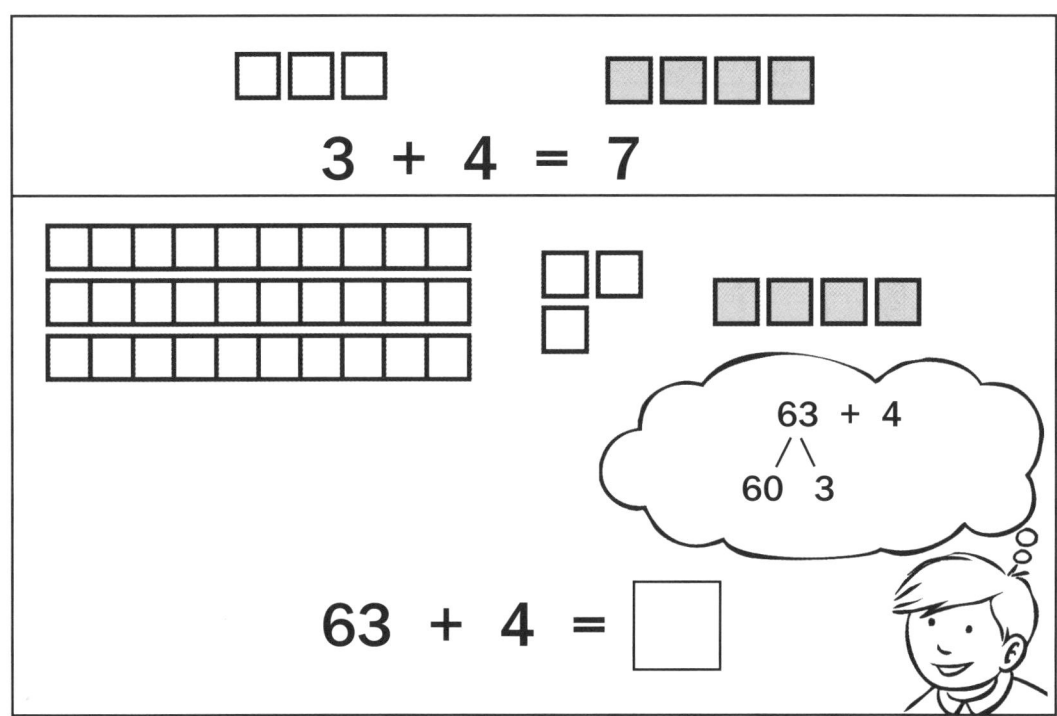

2 Additionnez.

3 + 4 = 7

63 + 4 =

2 + 5 = 72 + 5 =	6 + 1 = 96 + 1 =
4 + 4 = 94 + 4 =	2 + 7 = 82 + 7 =
3 + 3 = 83 + 3 =	8 + 1 = 78 + 1 =

166 Les nombres de 70 à 100

Exercice 79

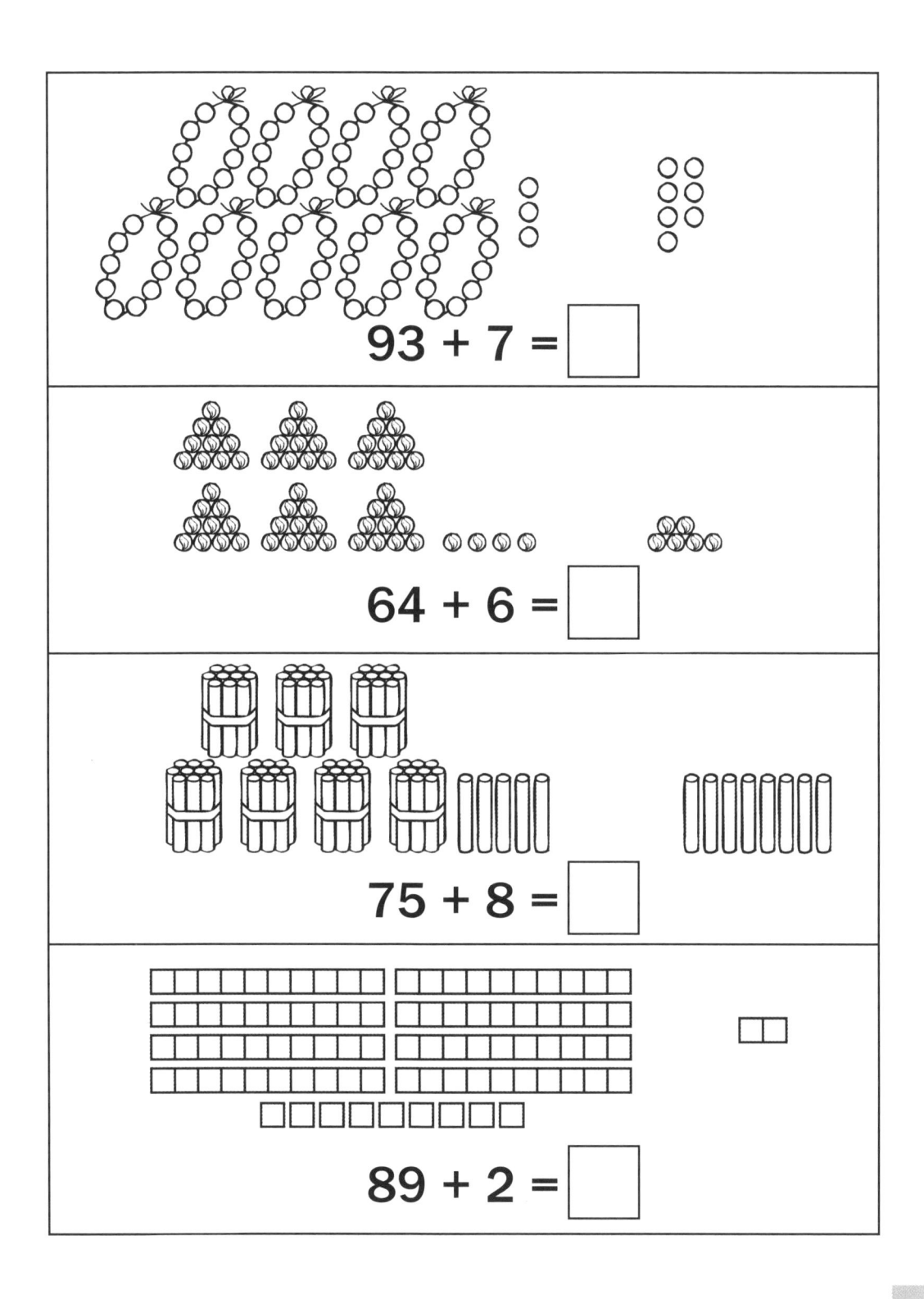

1 Additionnez.

93 + 7 = ☐

64 + 6 = ☐

75 + 8 = ☐

89 + 2 = ☐

Les nombres de 70 à 100

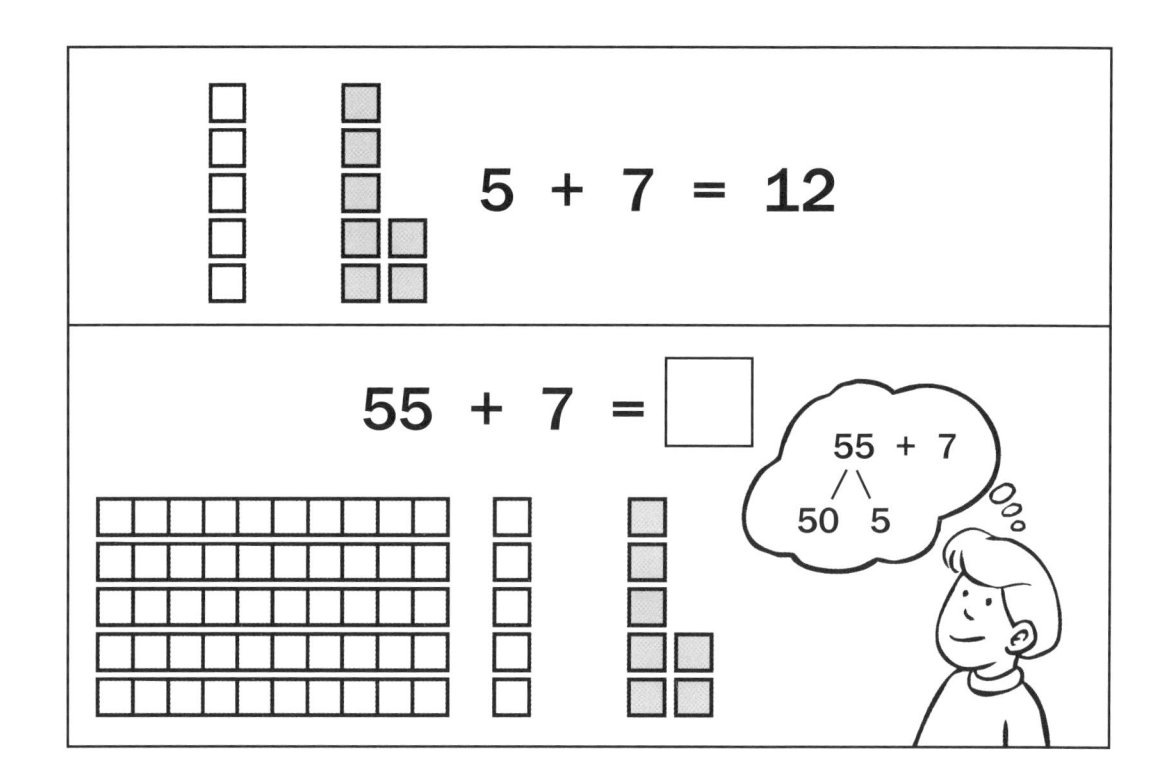

2 Additionnez.

5 + 7 = 12

55 + 7 = ☐

(55 + 7 → 50, 5)

5 + 5 = ☐	7 + 4 = ☐
75 + 5 = ☐	57 + 4 = ☐
8 + 6 = ☐	4 + 9 = ☐
78 + 6 = ☐	64 + 9 = ☐
6 + 5 = ☐	2 + 8 = ☐
86 + 5 = ☐	92 + 8 = ☐

Les nombres de 70 à 100

Exercice 80

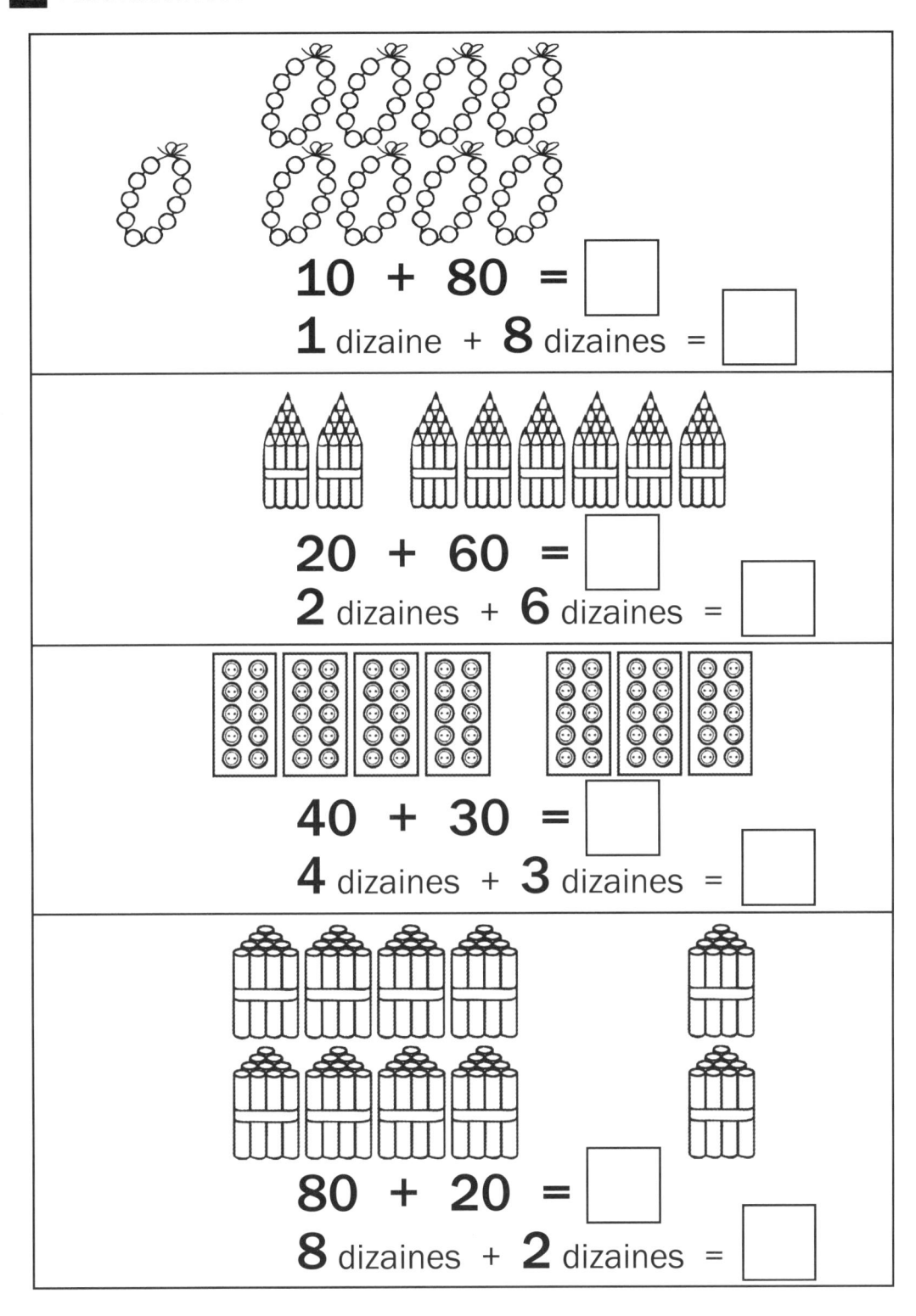

1 Additionnez.

10 + 80 = ☐
1 dizaine + **8** dizaines = ☐

20 + 60 = ☐
2 dizaines + **6** dizaines = ☐

40 + 30 = ☐
4 dizaines + **3** dizaines = ☐

80 + 20 = ☐
8 dizaines + **2** dizaines = ☐

Exercice 81

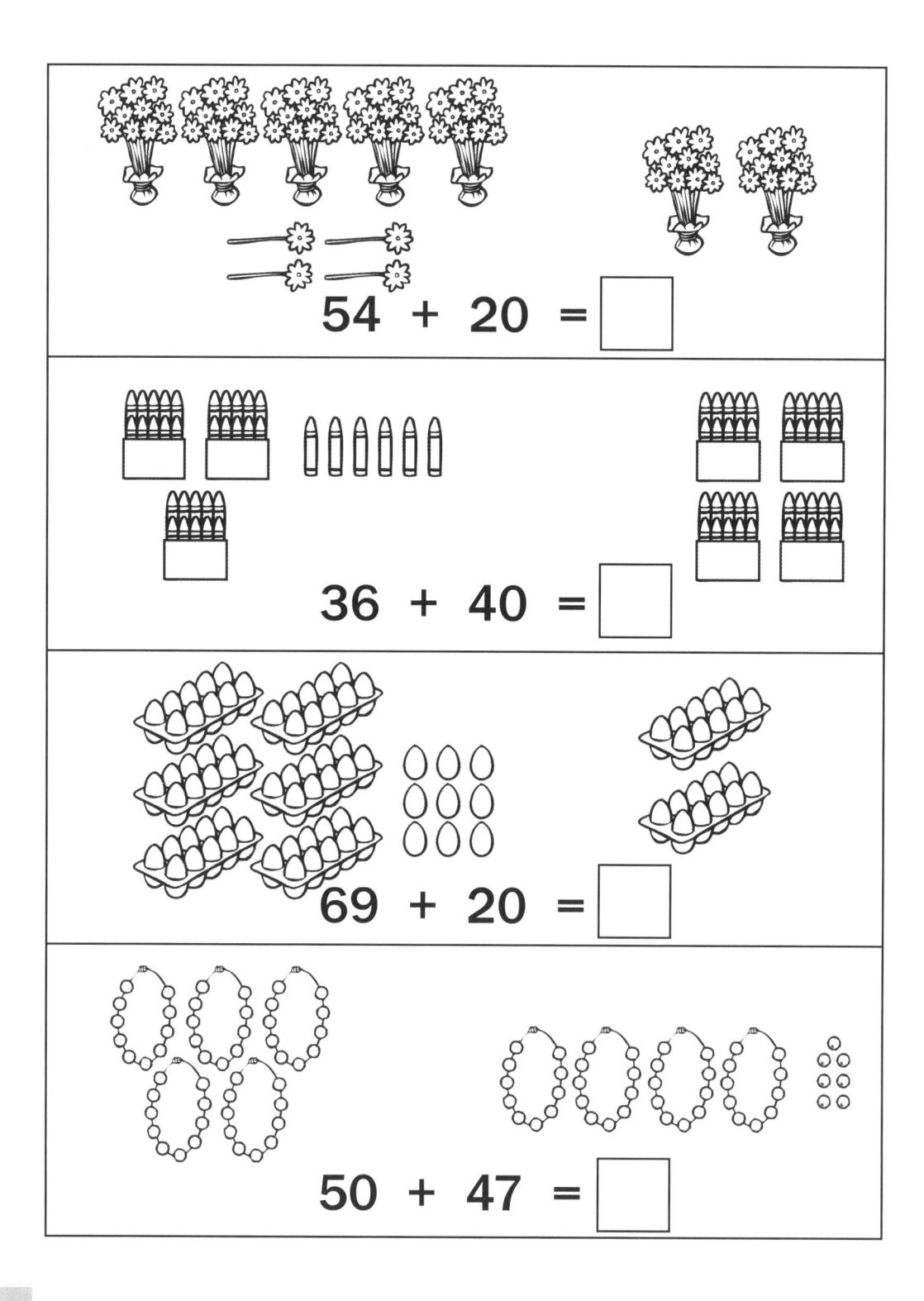

1 Additionnez.

54 + 20 = ☐

36 + 40 = ☐

69 + 20 = ☐

50 + 47 = ☐

Les nombres de 70 à 100

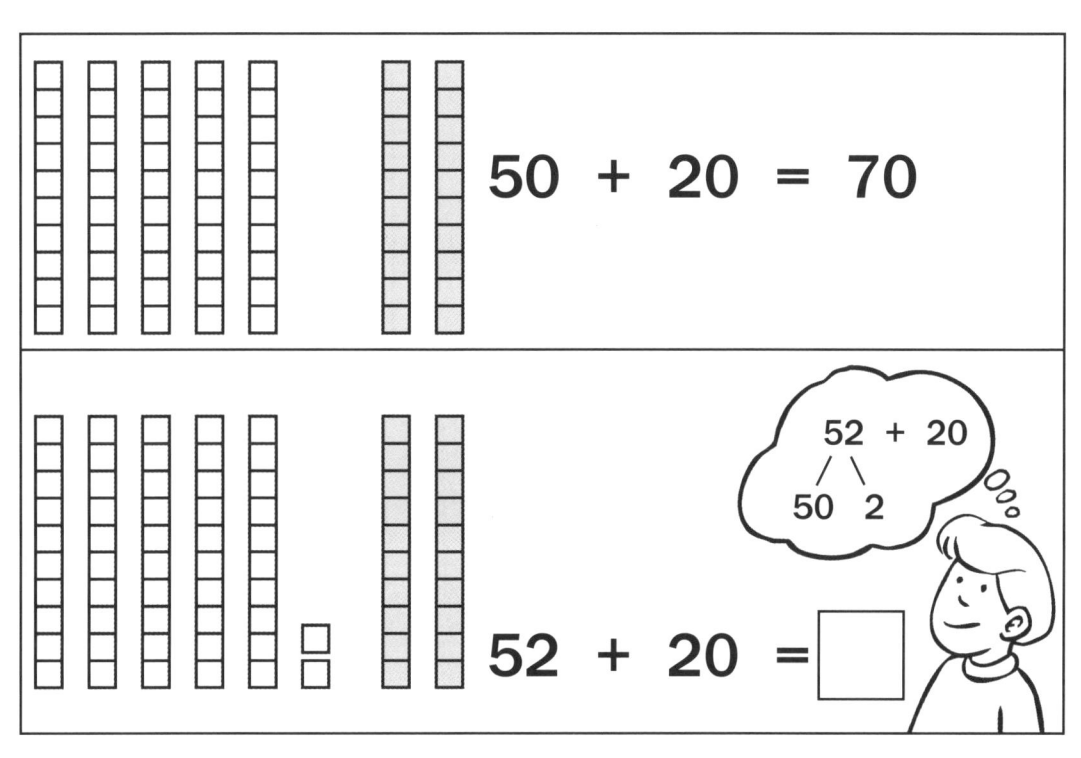

2 Additionnez.

50 + 20 = 70

52 + 20 = ☐

40 + 30 = ☐	20 + 70 = ☐
40 + 38 = ☐	26 + 70 = ☐
10 + 60 = ☐	50 + 30 = ☐
15 + 60 = ☐	50 + 37 = ☐
50 + 20 = ☐	20 + 60 = ☐
51 + 20 = ☐	24 + 60 = ☐

Les nombres de 70 à 100

Exercice 82

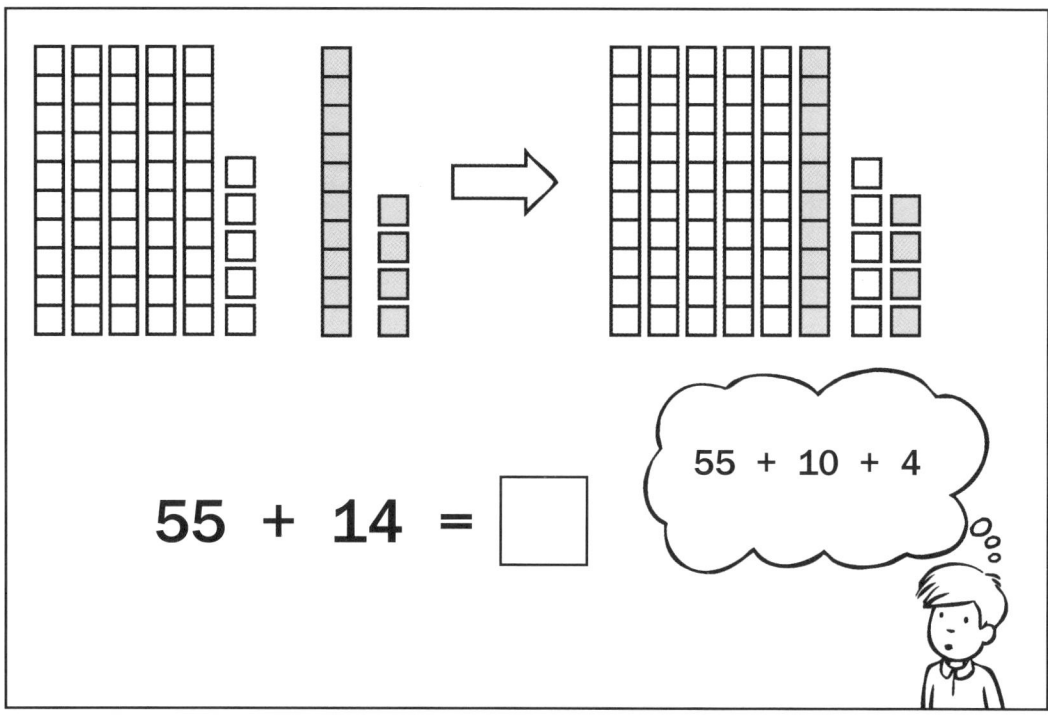

1 Additionnez.

55 + 14 = ☐   *55 + 10 + 4*

85 + 12 = ☐
85 + 10 + 2 = ☐

64 + 13 = ☐
64 + 10 + 3 = ☐

66 + 14 = ☐
66 + 10 + 4 = ☐

87 + 13 = ☐
87 + 10 + 3 = ☐

75 + 16 = ☐
75 + 10 + 6 = ☐

68 + 17 = ☐
68 + 10 + 7 = ☐

Les nombres de 70 à 100

2 Additionnez.

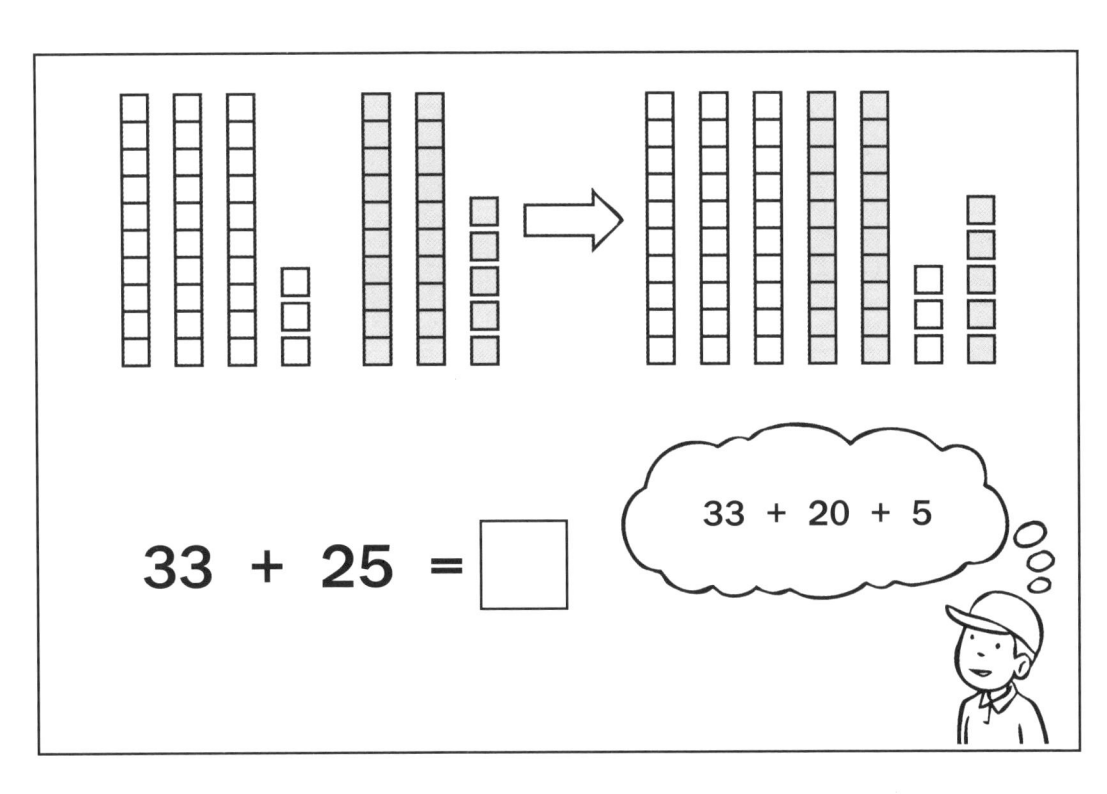

33 + 25 = ☐

33 + 20 + 5

43 + 35 = ☐	36 + 41 = ☐
43 + 30 + 5 = ☐	36 + 40 + 1 = ☐
56 + 24 = ☐	28 + 62 = ☐
56 + 20 + 4 = ☐	28 + 60 + 2 = ☐
58 + 37 = ☐	66 + 28 = ☐
58 + 30 + 7 = ☐	66 + 20 + 8 = ☐

Les nombres de 70 à 100

Exercice 83

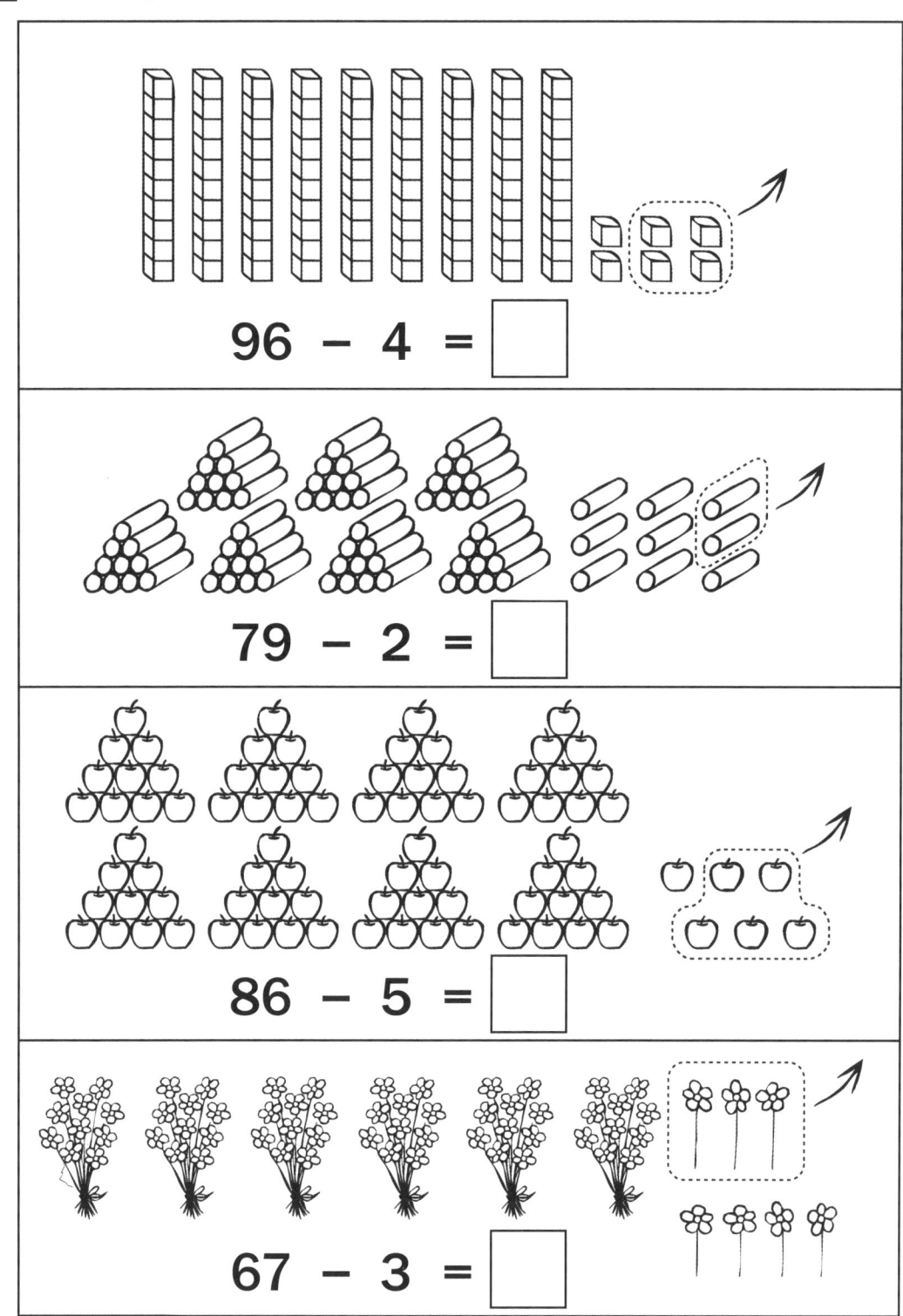

1 Soustrayez.

96 − 4 = ☐

79 − 2 = ☐

86 − 5 = ☐

67 − 3 = ☐

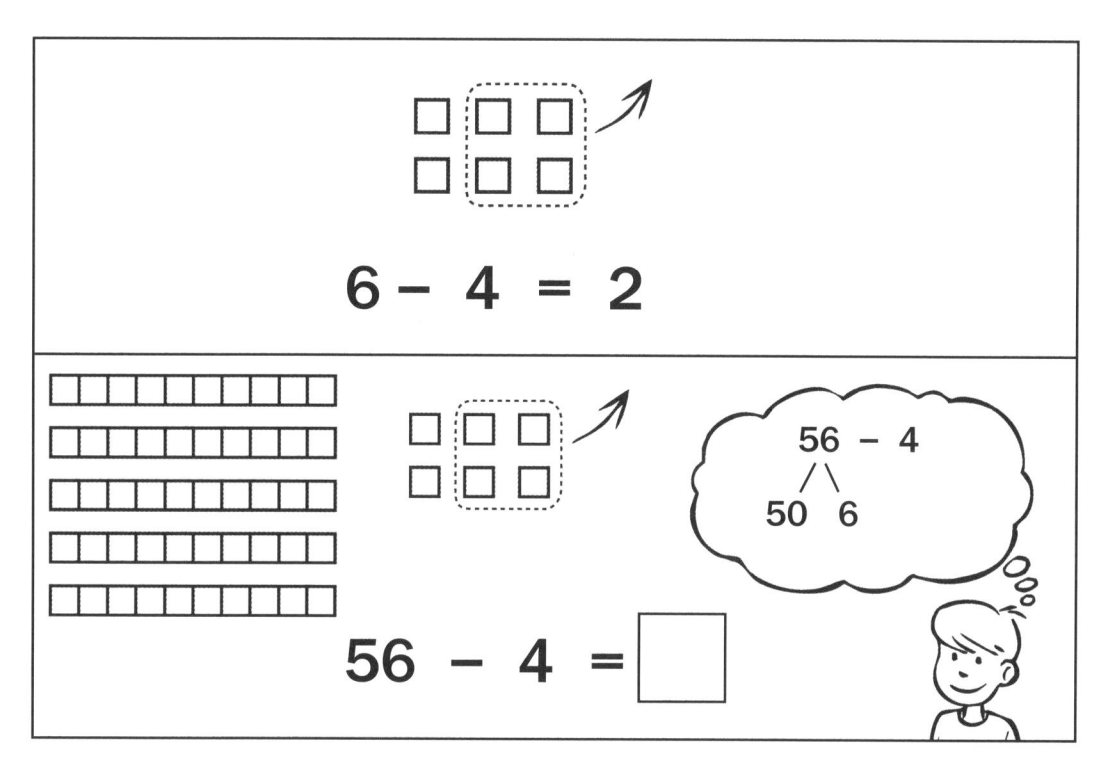

2 Soustrayez.

$6 - 4 = 2$

$56 - 4 = \boxed{}$

(56 − 4 / 50 6)

$8 - 3 = \boxed{}$ $78 - 3 = \boxed{}$	$9 - 2 = \boxed{}$ $99 - 2 = \boxed{}$
$5 - 1 = \boxed{}$ $85 - 1 = \boxed{}$	$7 - 5 = \boxed{}$ $97 - 5 = \boxed{}$
$6 - 4 = \boxed{}$ $76 - 4 = \boxed{}$	$8 - 6 = \boxed{}$ $68 - 6 = \boxed{}$

Les nombres de 70 à 100

Exercice 84

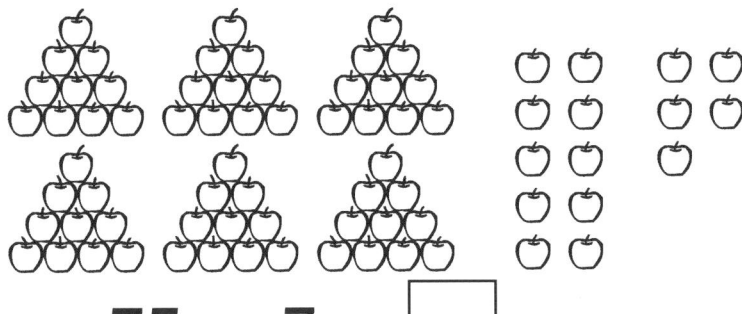

1 Soustrayez.

83 − 5 = ☐

91 − 7 = ☐

75 − 7 = ☐

84 − 6 = ☐

2 Soustrayez.

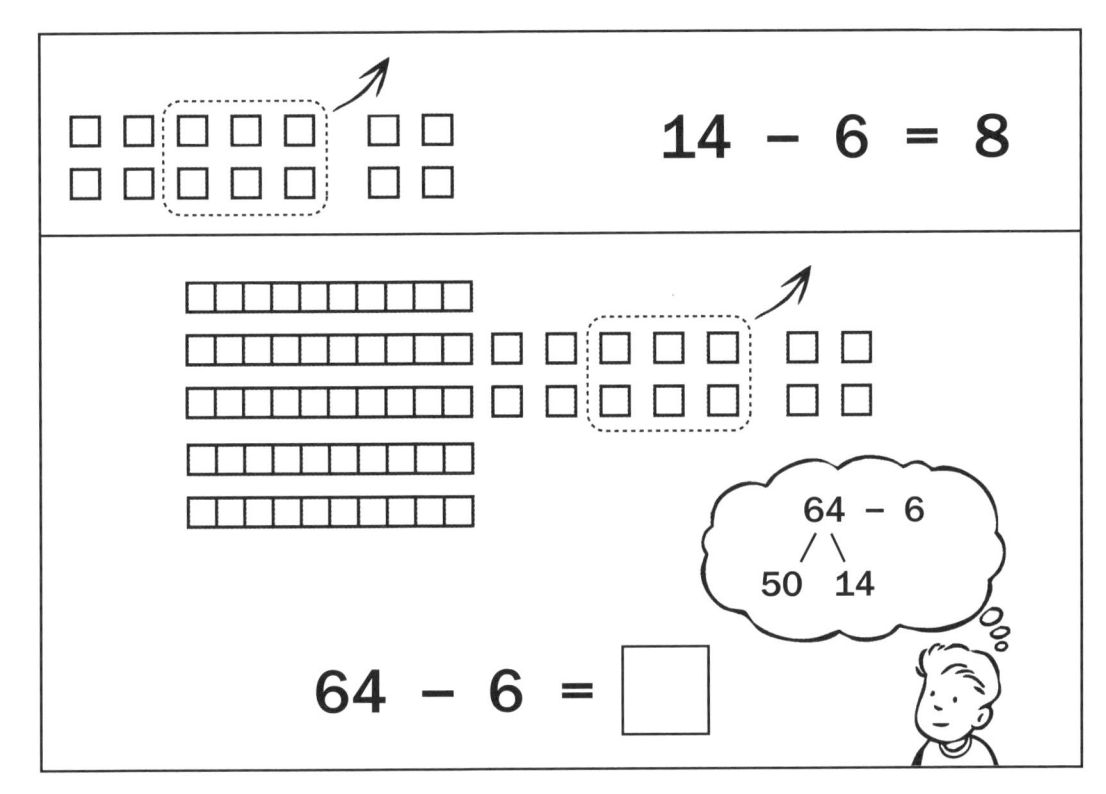

14 − 6 = 8

64 − 6 = 50 14

64 − 6 = ☐

11 − 5 = ☐	14 − 7 = ☐
81 − 5 = ☐	74 − 7 = ☐
16 − 8 = ☐	13 − 6 = ☐
96 − 8 = ☐	83 − 6 = ☐
15 − 7 = ☐	12 − 9 = ☐
75 − 7 = ☐	92 − 9 = ☐

Les nombres de 70 à 100

Exercice 85

1 Soustrayez.

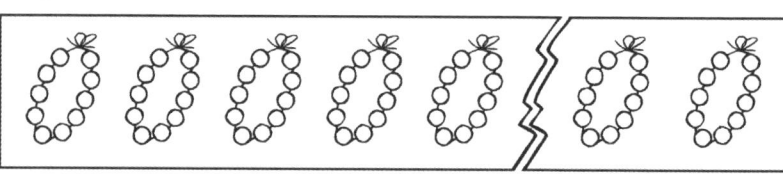

70 − 20 = ☐
7 dizaines − **2** dizaines = ☐

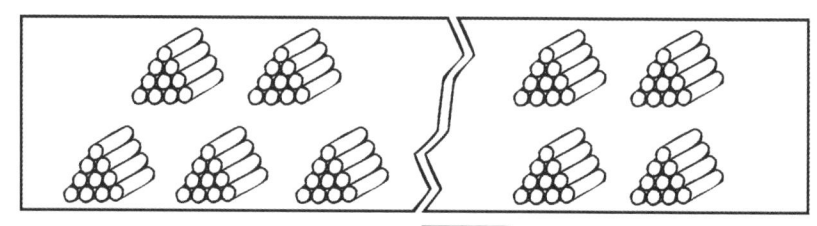

90 − 40 = ☐
9 dizaines − **4** dizaines = ☐

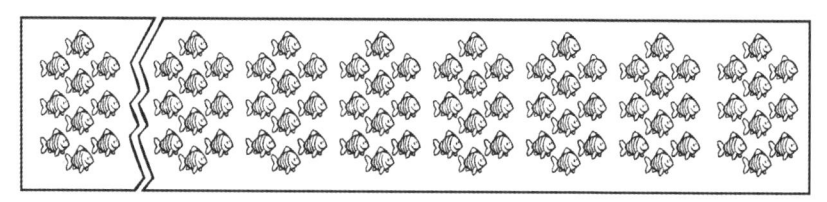

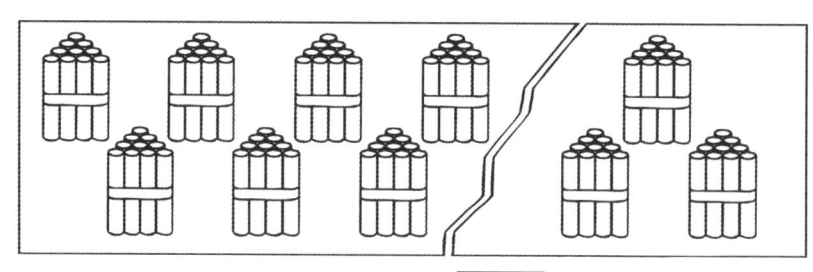

80 − 70 = ☐
8 dizaines − **7** dizaines = ☐

100 − 30 = ☐
10 dizaines − **3** dizaines = ☐

178　Les nombres de 70 à 100

Exercice 86

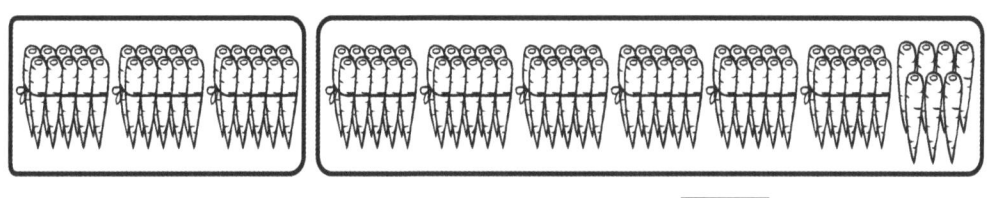

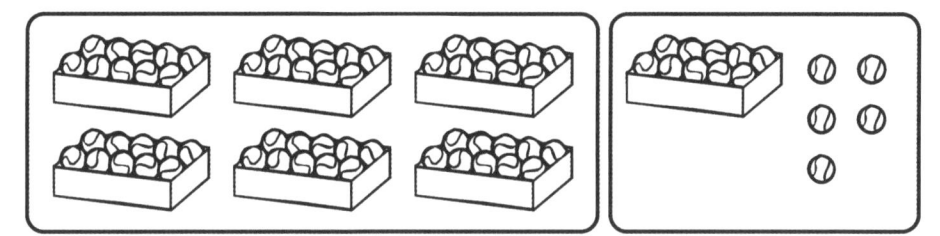

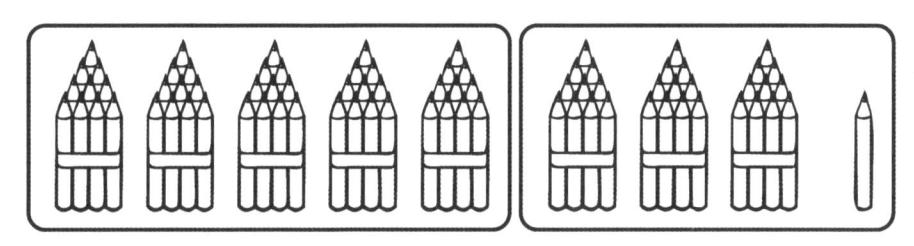

1 Soustrayez.

76 − 10 = ☐

97 − 30 = ☐

75 − 60 = ☐

81 − 50 = ☐

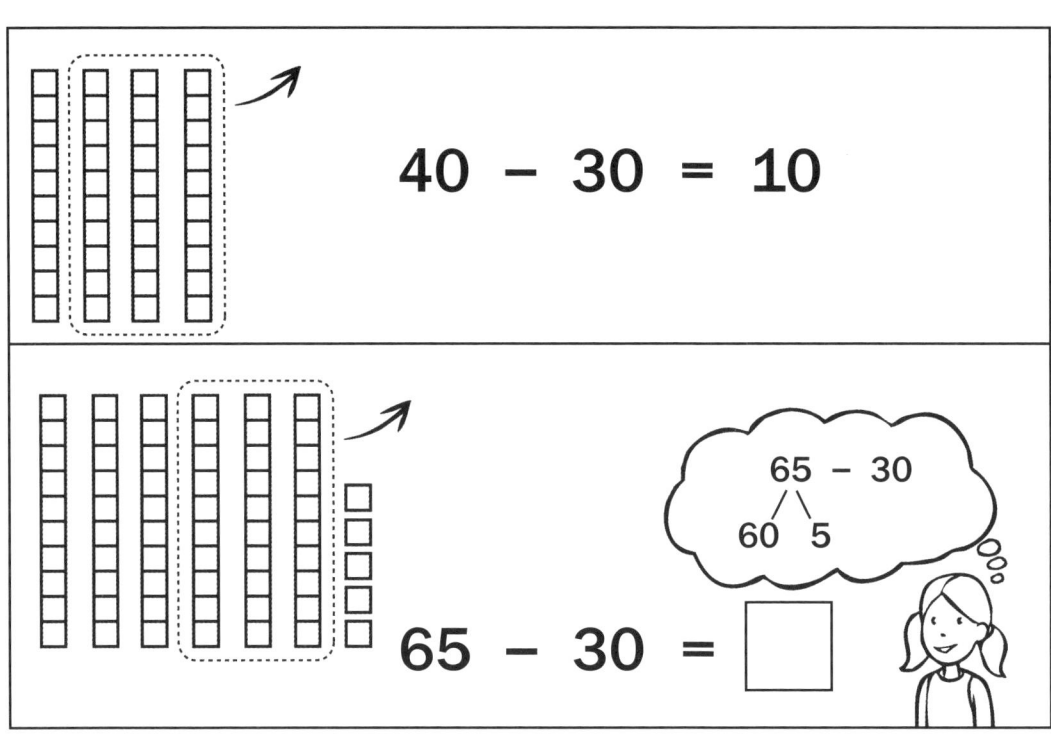

2 Soustrayez.

$40 - 30 = 10$

$65 - 30 = \square$

65 − 30
60 5

$80 - 30 = \square$	$70 - 20 = \square$
$89 - 30 = \square$	$73 - 20 = \square$
$70 - 60 = \square$	$80 - 40 = \square$
$76 - 60 = \square$	$82 - 40 = \square$
$90 - 40 = \square$	$90 - 80 = \square$
$97 - 40 = \square$	$98 - 80 = \square$

Exercice 87

1 Soustrayez.

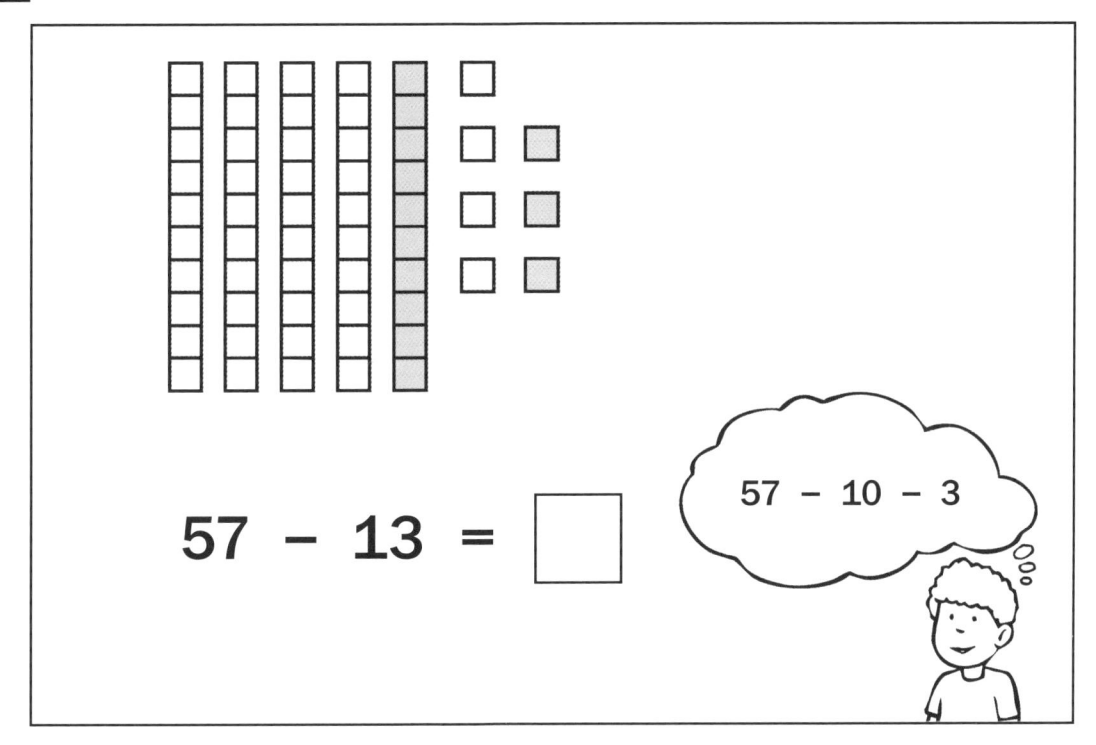

57 − 13 = ☐   *57 − 10 − 3*

98 − 14 = ☐	75 − 12 = ☐
98 − 10 − 4 = ☐	75 − 10 − 2 = ☐
83 − 13 = ☐	60 − 18 = ☐
83 − 10 − 3 = ☐	60 − 10 − 8 = ☐
93 − 17 = ☐	76 − 17 = ☐
93 − 10 − 7 = ☐	76 − 10 − 7 = ☐

Les nombres de 70 à 100

2 Soustrayez.

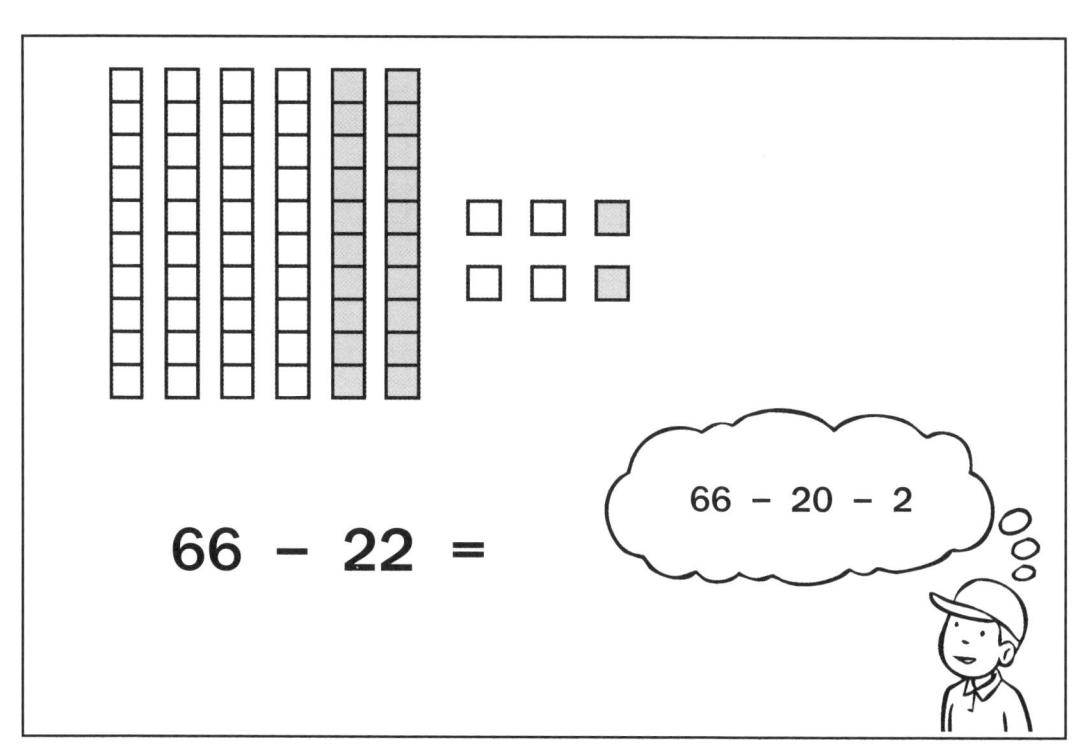

66 − 22 =

66 − 20 − 2

97 − 26 = ☐	87 − 45 = ☐
97 − 20 − 6 = ☐	87 − 40 − 5 = ☐
78 − 38 = ☐	90 − 24 = ☐
78 − 30 − 8 = ☐	90 − 20 − 4 = ☐
83 − 47 = ☐	71 − 23 = ☐
83 − 40 − 7 = ☐	71 − 20 − 3 = ☐

Les nombres de 70 à 100

Révision 6

1 Comptez le nombre de dizaines et d'unités.

a

Dizaines	Unités

b

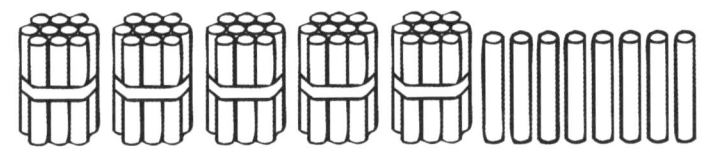

Dizaines	Unités

2 Complétez les suites de nombres.

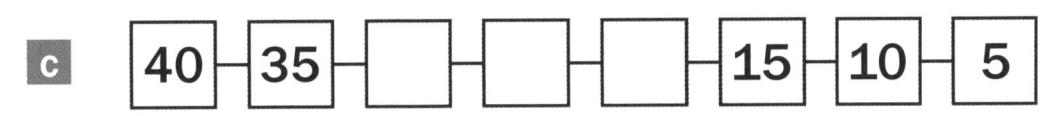

a 40 – 50 – ☐ – 70 – ☐ – 90 – ☐

b 6 – 8 – ☐ – ☐ – 14 – 16 – ☐ – ☐

c 40 – 35 – ☐ – ☐ – ☐ – 15 – 10 – 5

3 Classez les nombres du plus petit au plus grand.

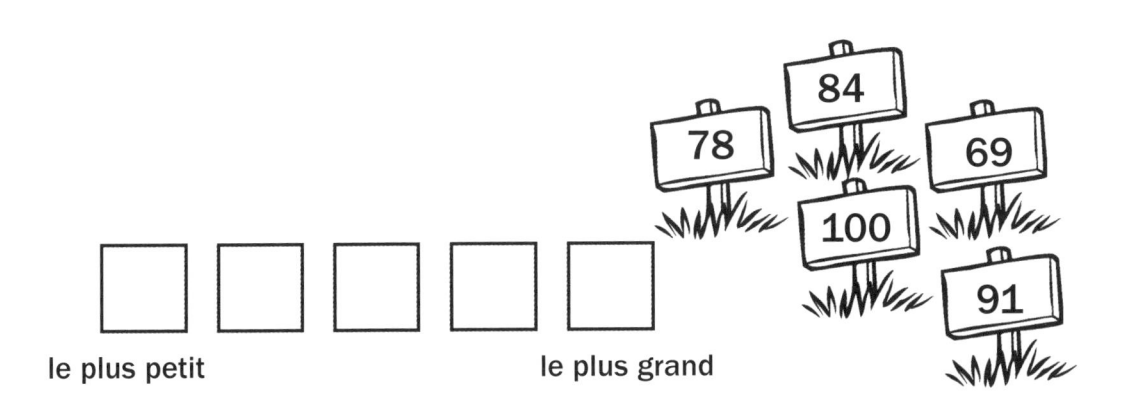

☐ ☐ ☐ ☐ ☐

le plus petit   le plus grand

84   78   69   100   91

4 Complétez.

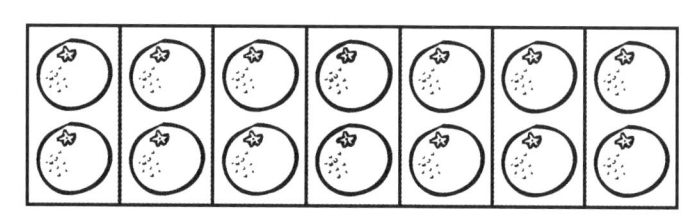

Combien y a-t-il d'oranges en tout ?

7 x 2 oranges = ☐ oranges.

Il y a ☐ oranges en tout.

5 Complétez.

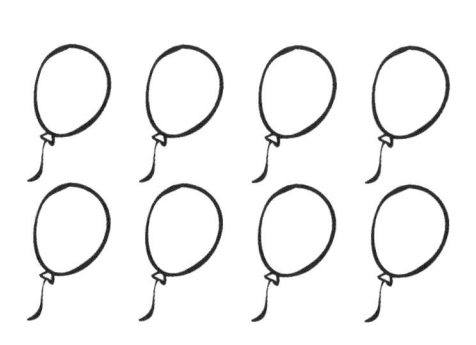

Partagez également 8 ballons entre 2 enfants.
Combien chaque enfant reçoit-il de ballons ?

Chaque enfant reçoit ☐ ballons.

6 Complétez.

Entourez par groupes de 8 billes.
Combien y a-t-il de groupes ?

Il y a ☐ groupes.

7 Résolvez ce problème :

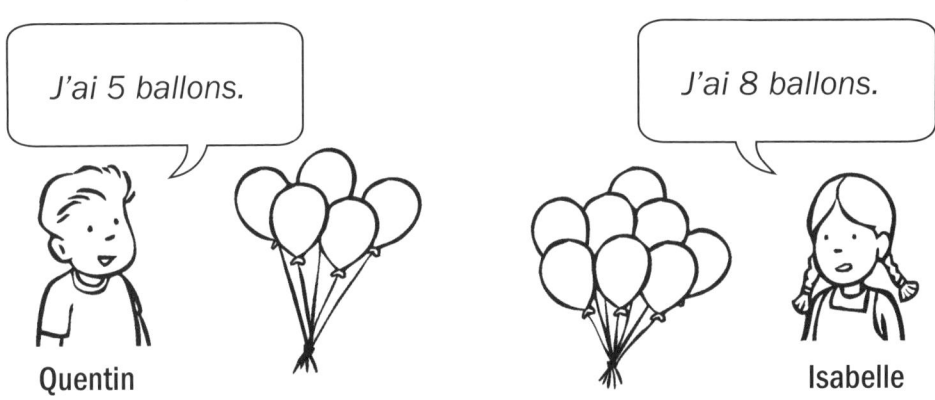

J'ai 5 ballons.

Quentin

J'ai 8 ballons.

Isabelle

Combien de ballons Quentin a-t-il de moins qu'Isabelle ?

☐ ◯ ☐ = ☐

Quentin a ☐ ballons de moins qu'Isabelle.

8 Résolvez ce problème :

J'ai mangé 12 biscuits.

Pierre

J'ai mangé 2 biscuits de moins que Pierre.

Jean

Combien Jean a-t-il mangé de biscuits ?

☐ ◯ ☐ = ☐

Jean a mangé ☐ biscuits.

Révision 6

9 Résolvez ce problème :

Il y a 20 enfants dans une classe.
6 d'entre eux sont des filles.
Combien y a-t-il de garçons ?

Il y a ☐ garçons.

10 Résolvez ce problème :

Il y a 8 grosses et 6 petites balles dans un panier.
Combien y a-t-il de balles dans le panier ?

Il y a ☐ balles dans le panier.

11 Résolvez ce problème :

Il y a 15 billes.
4 d'entre elles sont en dehors du sac.
Combien y en a-t-il dans le sac ?

Il y a ☐ billes dans le sac.

Exercice 88

1 Reliez.

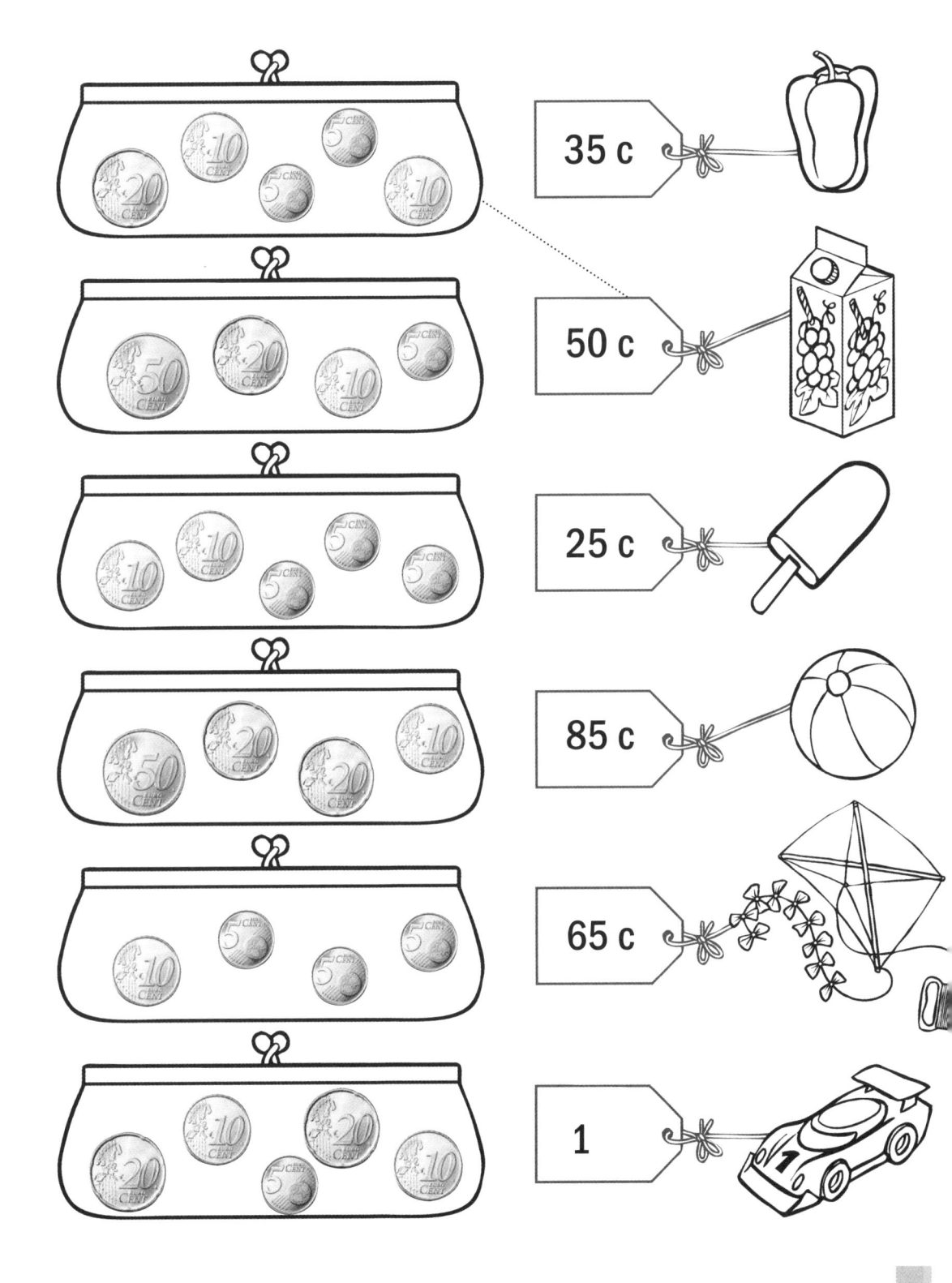

35 c

50 c

25 c

85 c

65 c

1 €

La monnaie

2 Écrivez combien il y a d'argent dans chacune des cases suivantes :

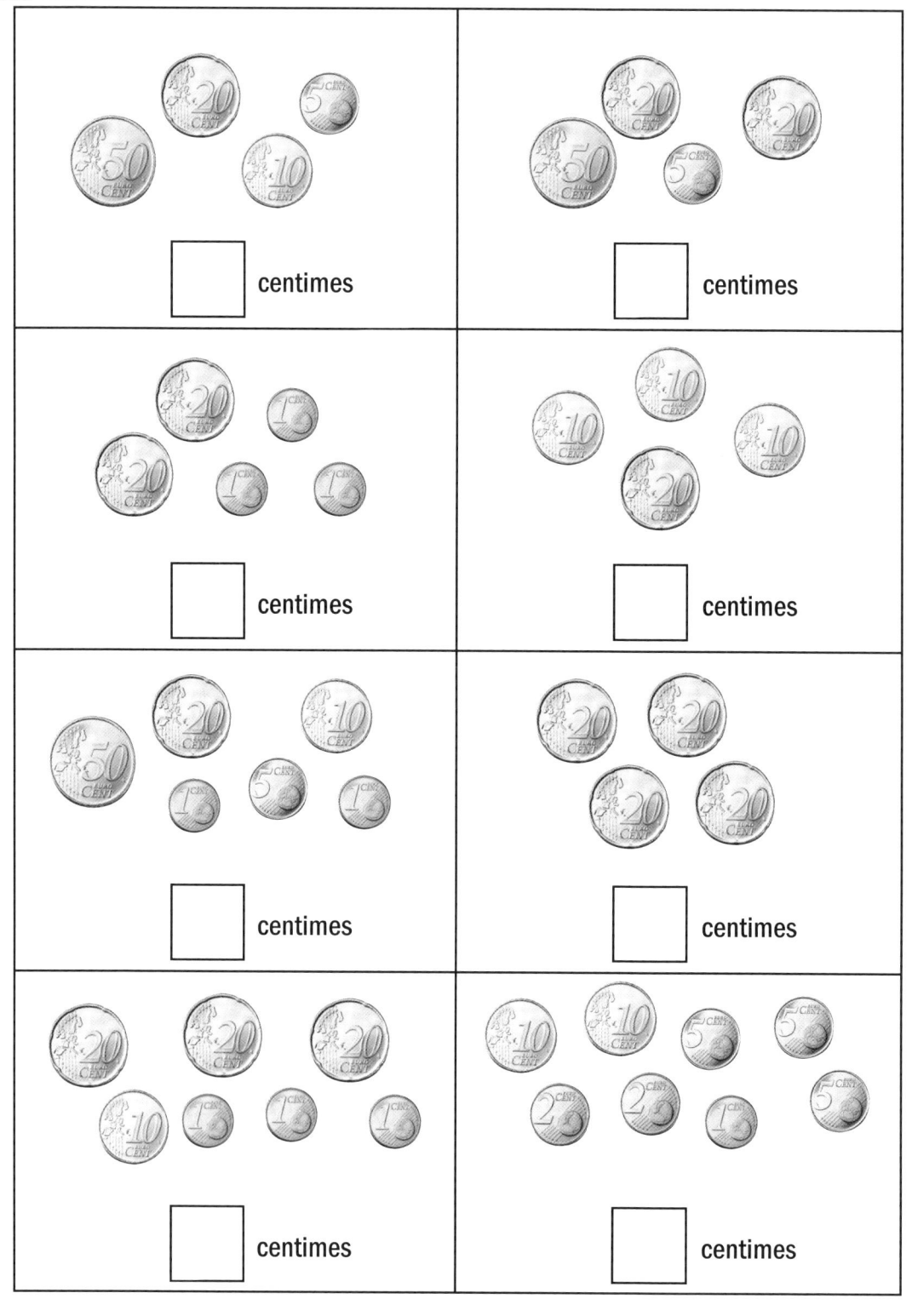

☐ centimes	☐ centimes
☐ centimes	☐ centimes
☐ centimes	☐ centimes
☐ centimes	☐ centimes

Exercice 89

1 Reliez.

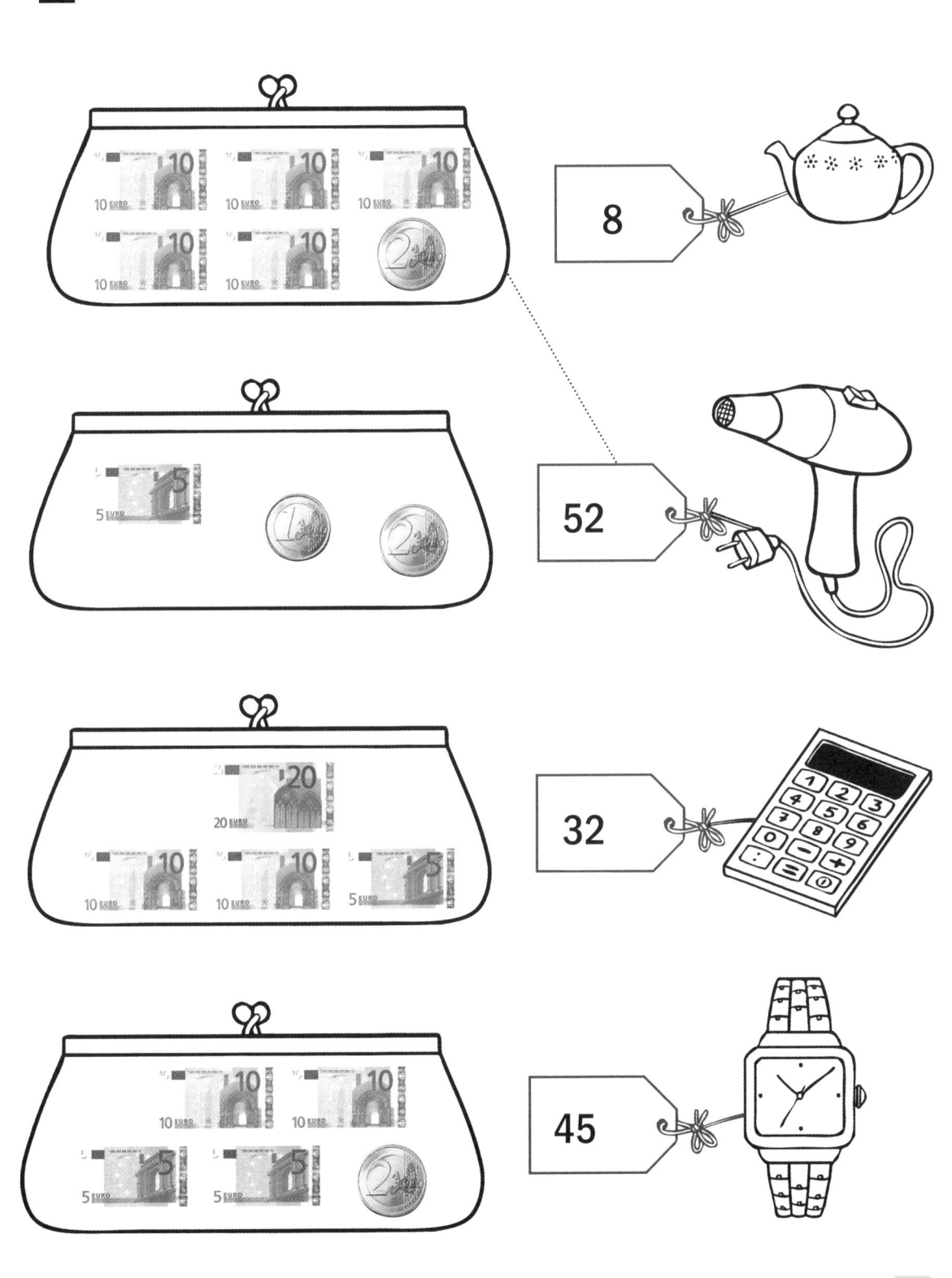

- 8
- 52
- 32
- 45

2 Entourez les pièces et les billets qu'il faut pour acheter chaque produit.

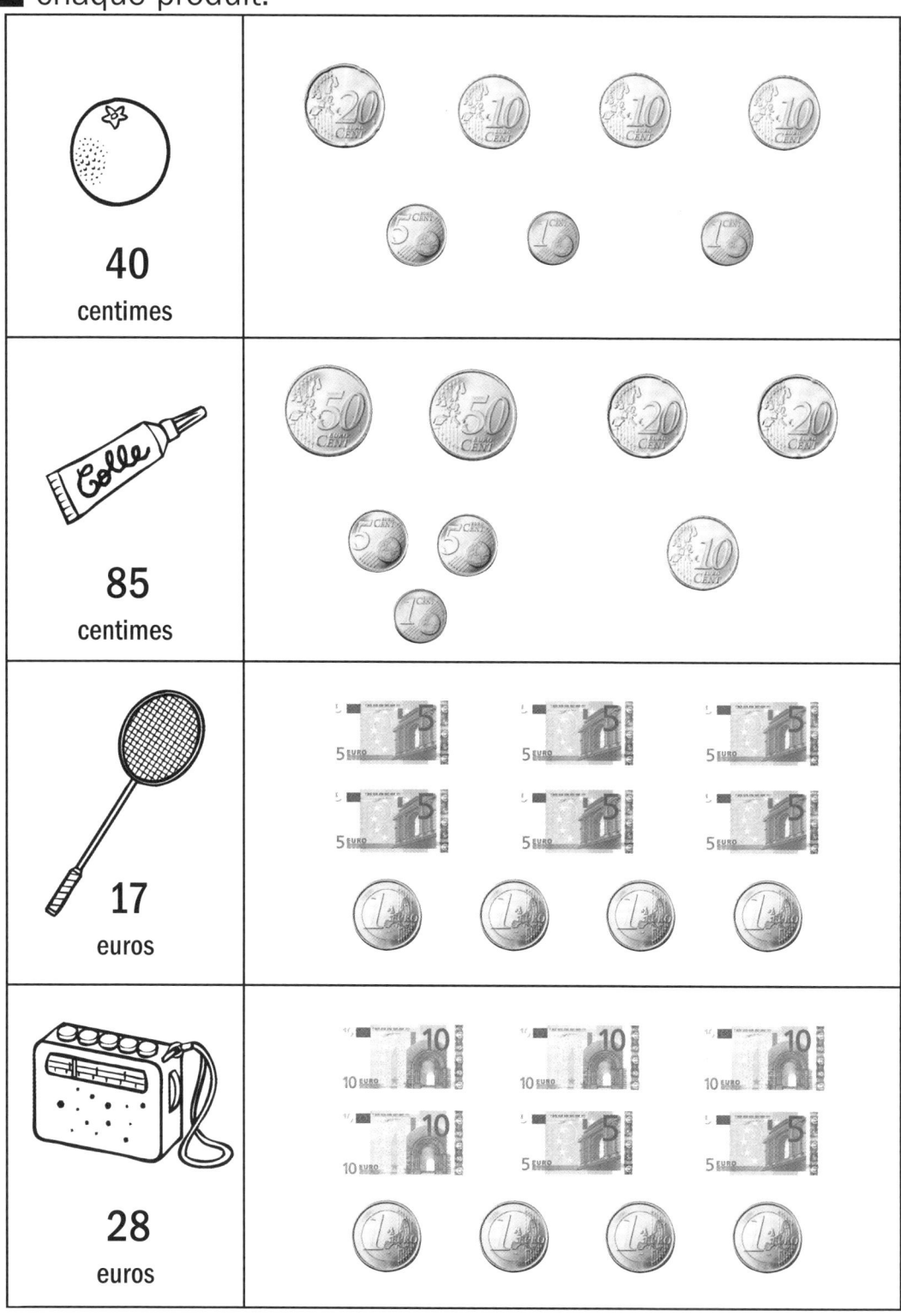

Orange — **40** centimes	20c, 10c, 10c, 10c, 5c, 1c, 1c
Colle — **85** centimes	50c, 50c, 20c, 20c, 5c, 5c, 10c, 1c
Raquette — **17** euros	5€, 5€, 5€, 5€, 5€, 5€, 1€, 1€, 1€, 1€
Radio — **28** euros	10€, 10€, 10€, 10€, 5€, 5€, 1€, 1€, 1€, 1€

190 La monnaie

Exercice 90

1 Cochez l'ensemble qui contient le plus d'argent.

a

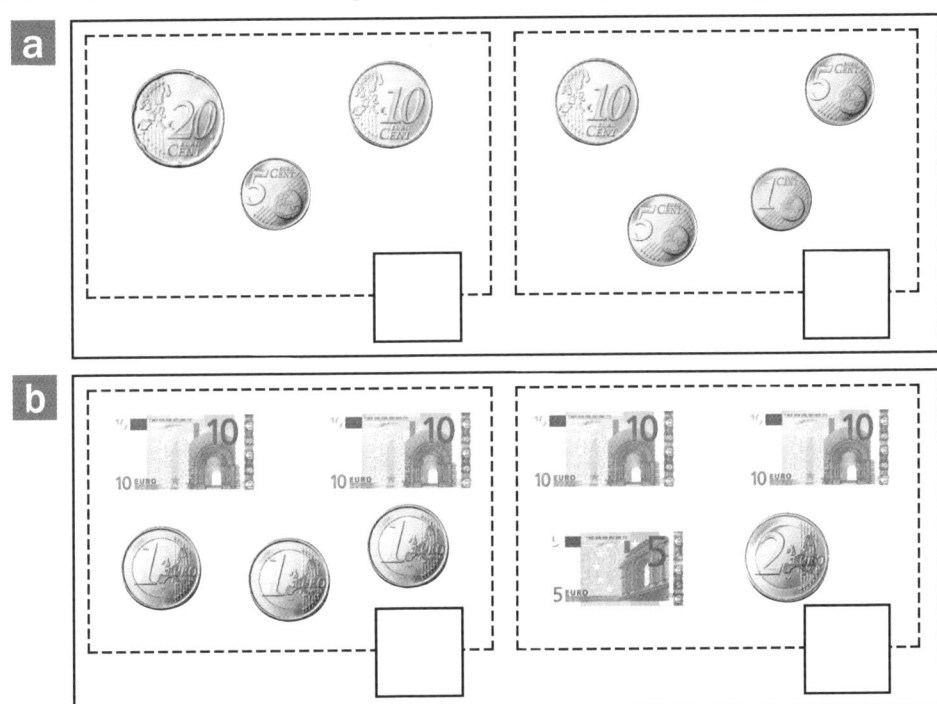

b

2 Cochez l'ensemble qui contient le moins d'argent.

a

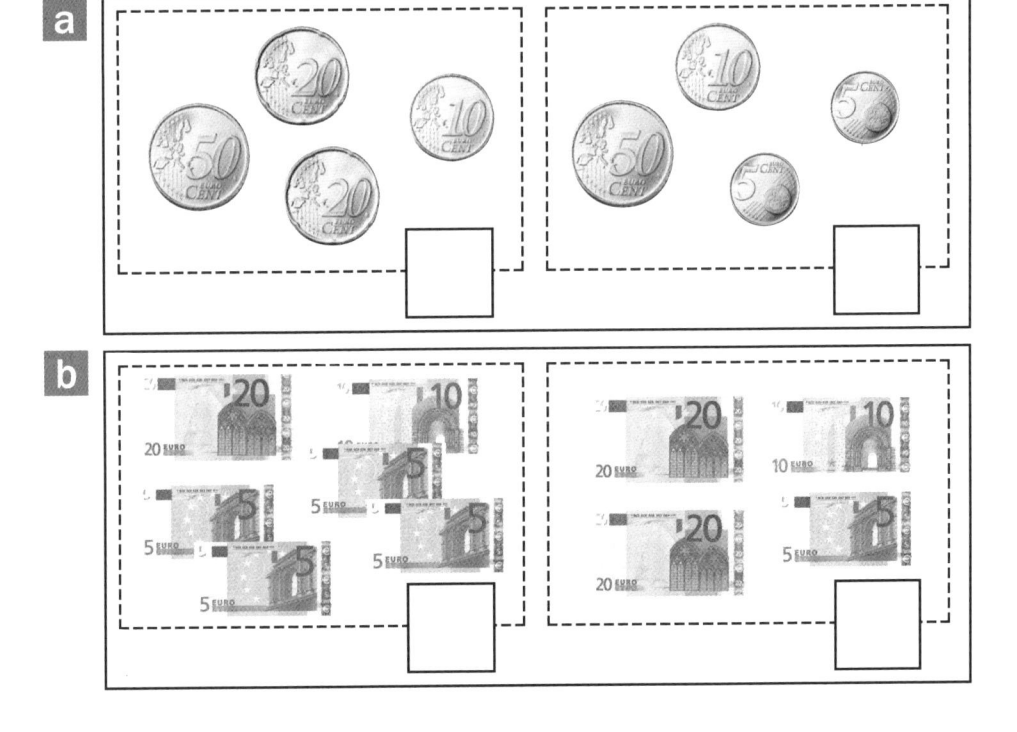

b

La monnaie

3 Cochez, parmi ces trois ensembles, celui qui contient le plus d'argent :

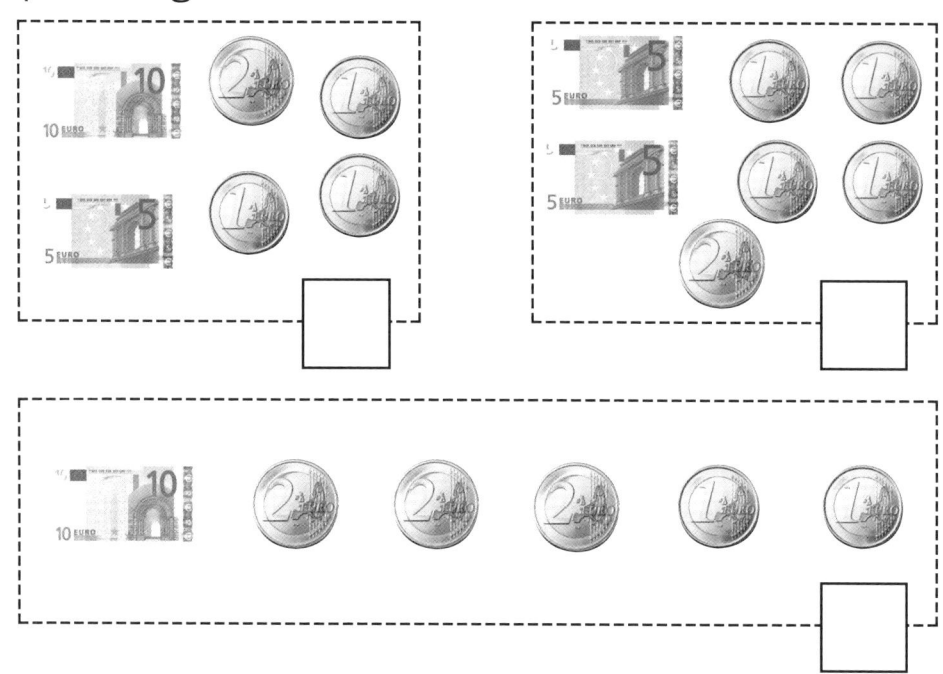

4 Cochez, parmi ces trois ensembles, celui qui contient le moins d'argent :

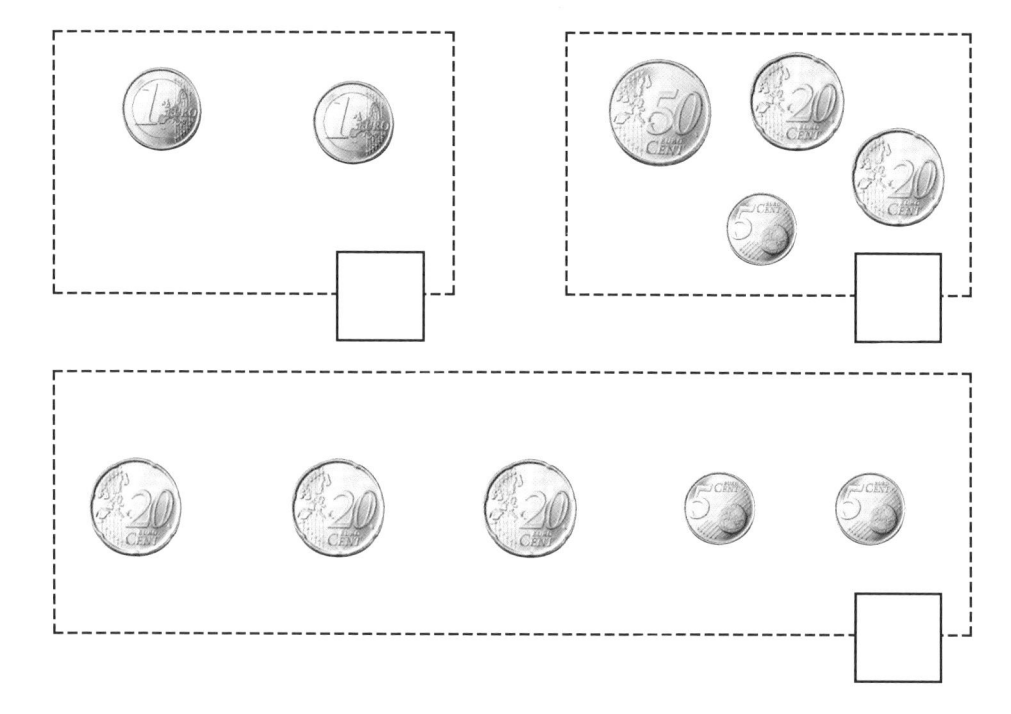

Exercice 91

1 Y a-t-il assez d'argent pour acheter chaque produit ?
Répondez par oui ou par non.

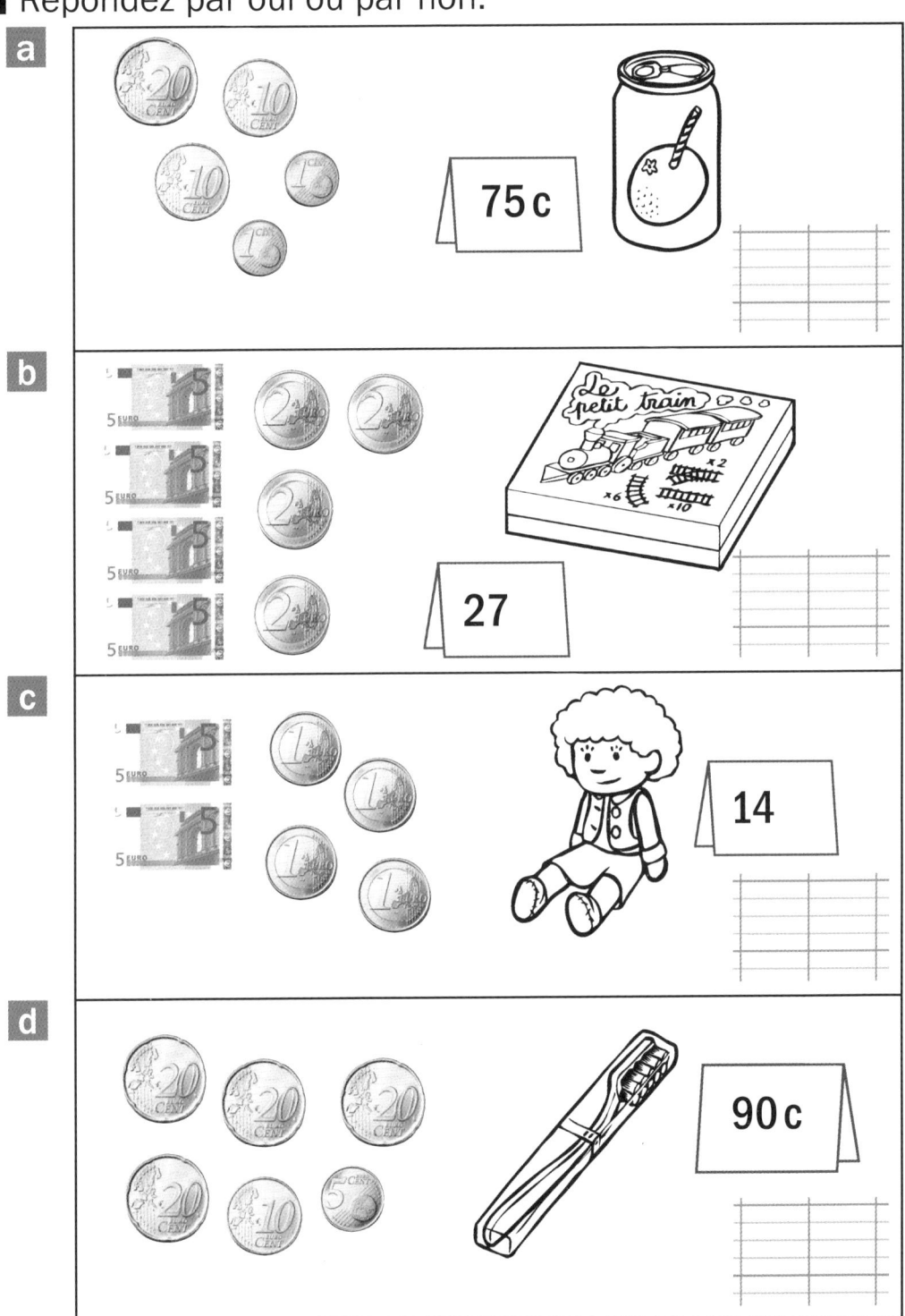

a 75 c

b 27

c 14

d 90 c

La monnaie 193

2 Complétez.

Monsieur Dupont avait 20 euros.
Il a acheté cette montre.
Combien lui reste-t-il ?

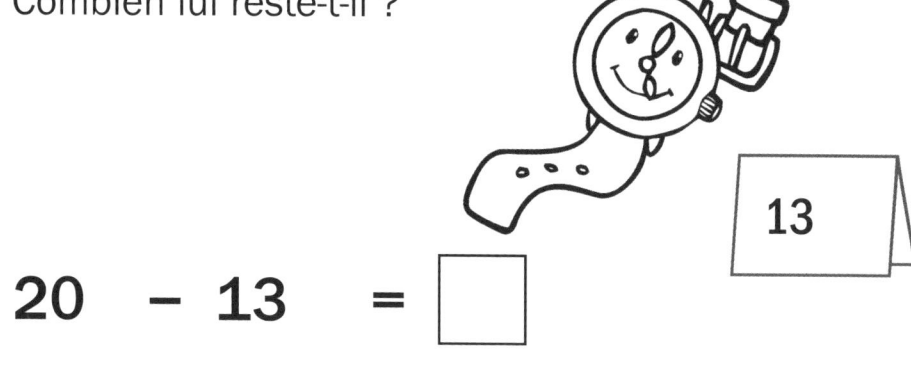

13

20 − 13 = ☐

Il lui reste ☐ euros.

3 Complétez.

Madame Marchand a 9 euros.
Elle veut acheter ce vase.
De combien a-t-elle encore besoin ?

12

12 − 9 = ☐

Elle a encore besoin de ☐ euros.

4 Complétez.

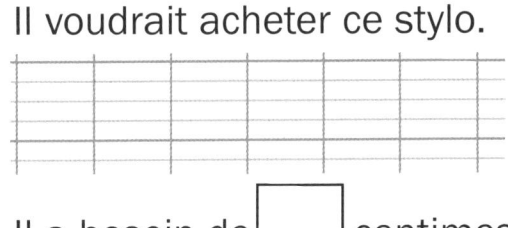

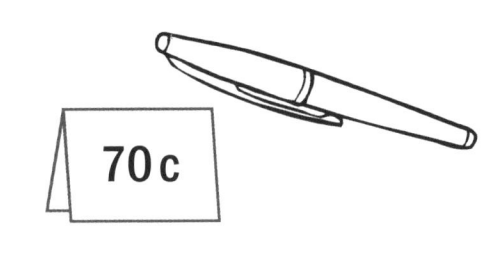

a Kevin a 55 centimes.
Il voudrait acheter ce stylo.

70 c

Il a besoin de ☐ centimes de plus.

b Augustin avait 1 euro.
Il a acheté ce petit bateau.

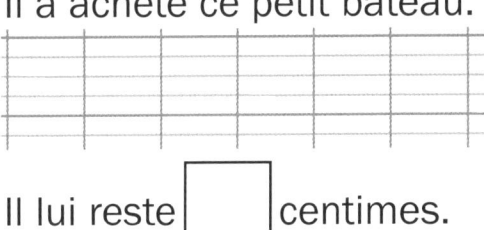

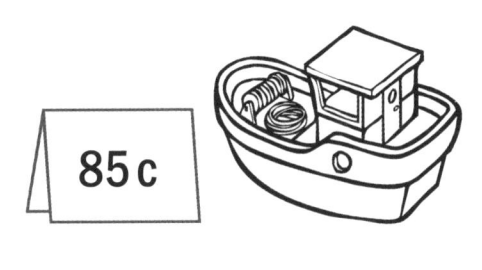

85 c

Il lui reste ☐ centimes.

c Sarah a acheté deux kiwis.

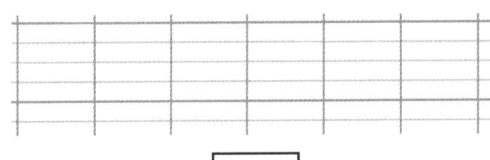

40 c
le kiwi

Elle a payé ☐ centimes.

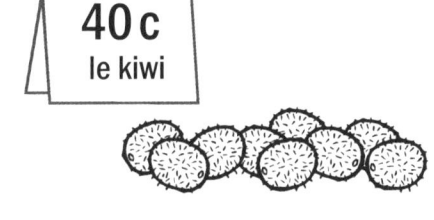

d Lisa avait 1 euro et il ne lui reste plus rien après ses achats.

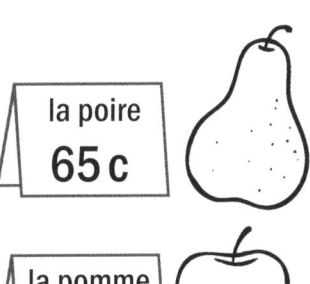

la poire
65 c

la pomme
45 c

la canette
35 c

Elle a acheté la _____

et la _____ .

Révision 7

1 Reliez.

75 c

95 c

80 c

45 c

2 Combien y a-t-il d'argent dans chaque porte-monnaie ?

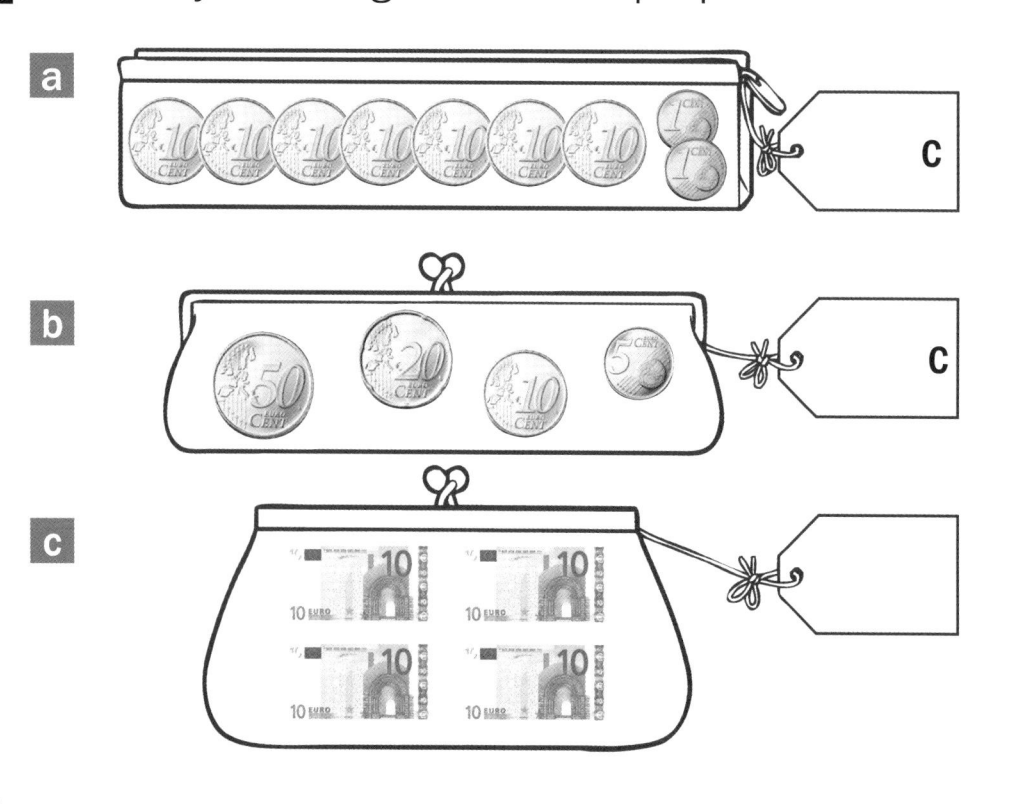

a) ___ c

b) ___ c

c) ___

3

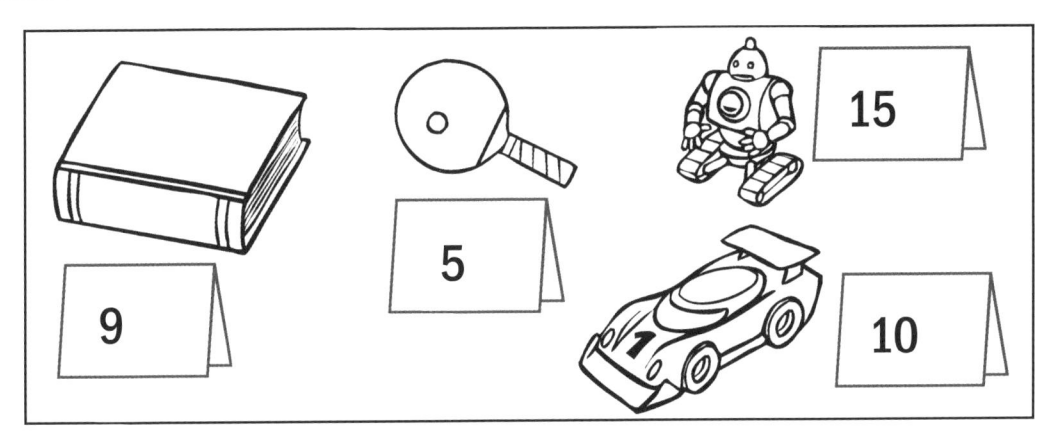

Résolvez les différents problèmes.

a Quel est le produit le moins cher entre le livre et le robot ? De combien ?

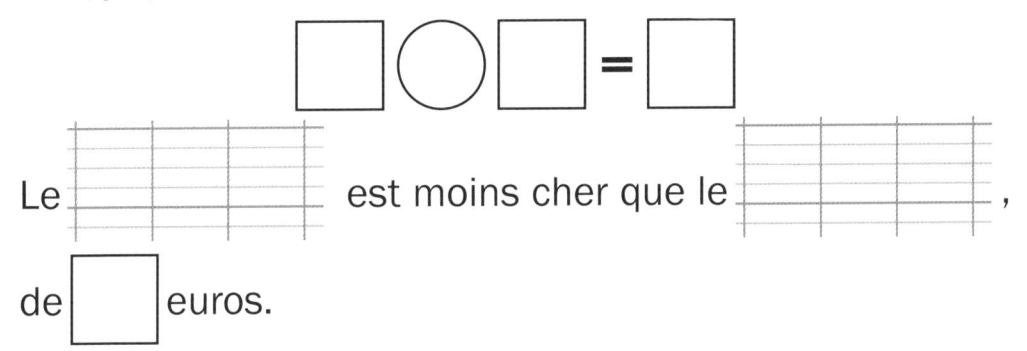

☐ ◯ ☐ = ☐

Le .... est moins cher que le .... , de ☐ euros.

b Alexis a 12 euros et veut acheter le robot. Combien lui manque-t-il pour pouvoir l'acheter ?

☐ ◯ ☐ = ☐

Il lui manque ☐ euros.

c David a acheté la raquette et la voiture. Combien a-t-il payé en tout ?

☐ ◯ ☐ = ☐

David a payé ☐ euros en tout.

4 Complétez ce problème :

J'ai acheté 3 bananes.

J'ai acheté 10 bananes.

Madame Lampe

Madame Bougie

Qui a acheté le plus de bananes ? Et combien de plus ?

$$\boxed{} \bigcirc \boxed{} = \boxed{}$$

Madame .... a acheté $\boxed{}$ bananes de plus que Madame ....

5 Complétez ce problème :

J'ai 13 billes.

J'ai 7 billes de plus que Baptiste.

Baptiste

Mathis

Combien Mathis a-t-il de billes ?

$$\boxed{} \bigcirc \boxed{} = \boxed{}$$

Mathis a $\boxed{}$ billes.

6 Complétez ce problème :

Après avoir donné 5 coquillages, Jean n'en a plus que 6.
Combien en avait-il au début ?

Il avait ☐ coquillages au début.

7 Complétez ce problème :

Emma a acheté une boîte de 12 cookies.
Elle en met 4 sur un plat.
Combien reste-t-il de cookies dans la boîte ?

Il reste ☐ cookies dans la boîte.

8 Complétez ce problème :

Clara a 11 livres.
Elle en a 2 de plus que Julie.
Combien Julie a-t-elle de livres ?

Julie a ☐ livres.

Révision 8

1 Complétez en suivant l'ordre des flèches.

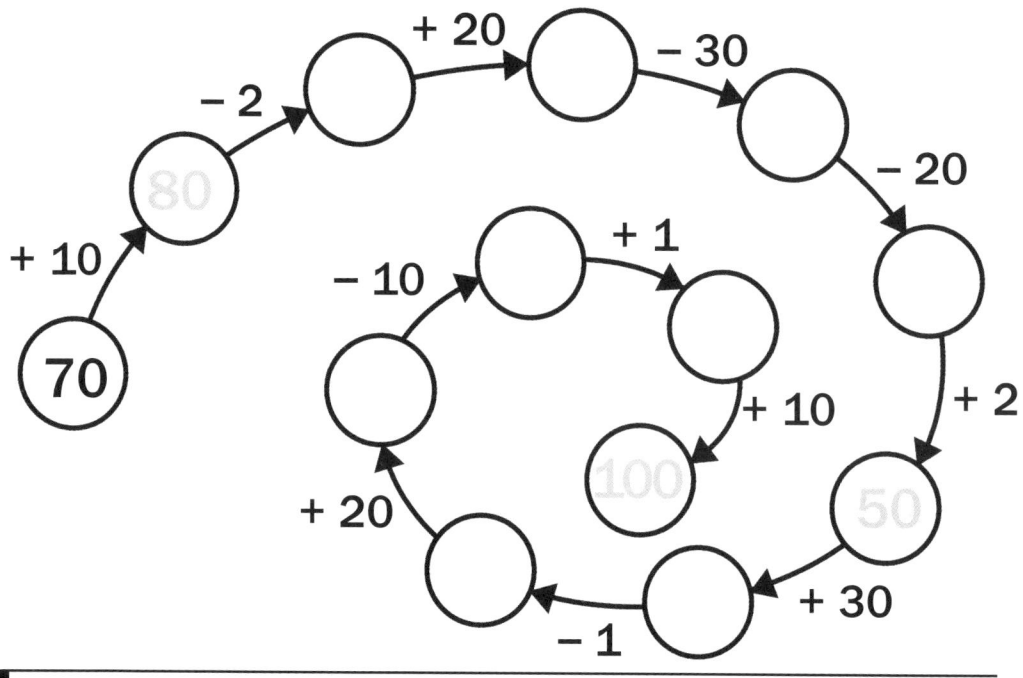

2 Complétez les additions et les soustractions suivantes :

a) 59 + 4 =

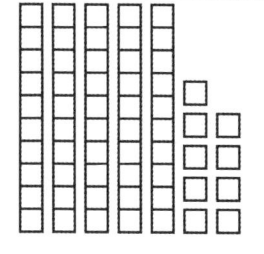

b) 76 + 8 =

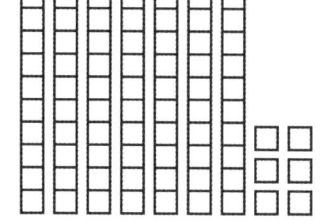

c) 62 − 5 =

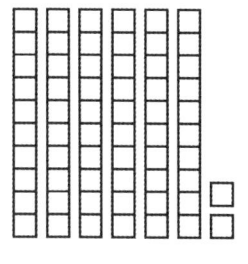

d) 83 − 5 =

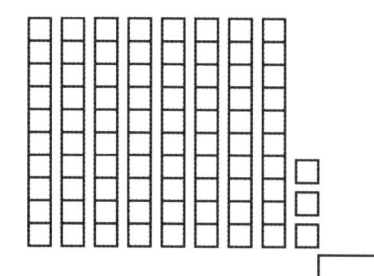

3 Coloriez les trois pièces qui composent le carré donné.

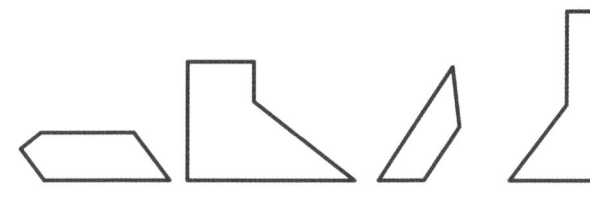

4 Coloriez une moitié du carré et un quart du rectangle.

5 Les jouets de Raphaël.

Bateaux	● ● ● ● ●
Voitures	● ● ●
Avions	● ● ● ● ● ●
Soldats	● ● ● ●

Chaque ● représente 1 jouet.

a Raphaël a ☐ avions.

b Il a ☐ bateaux de plus que de voitures.

c Il a ☐ soldats de moins que d'avions.

d Il a ☐ jouets en tout.

6 Complétez les phrases.

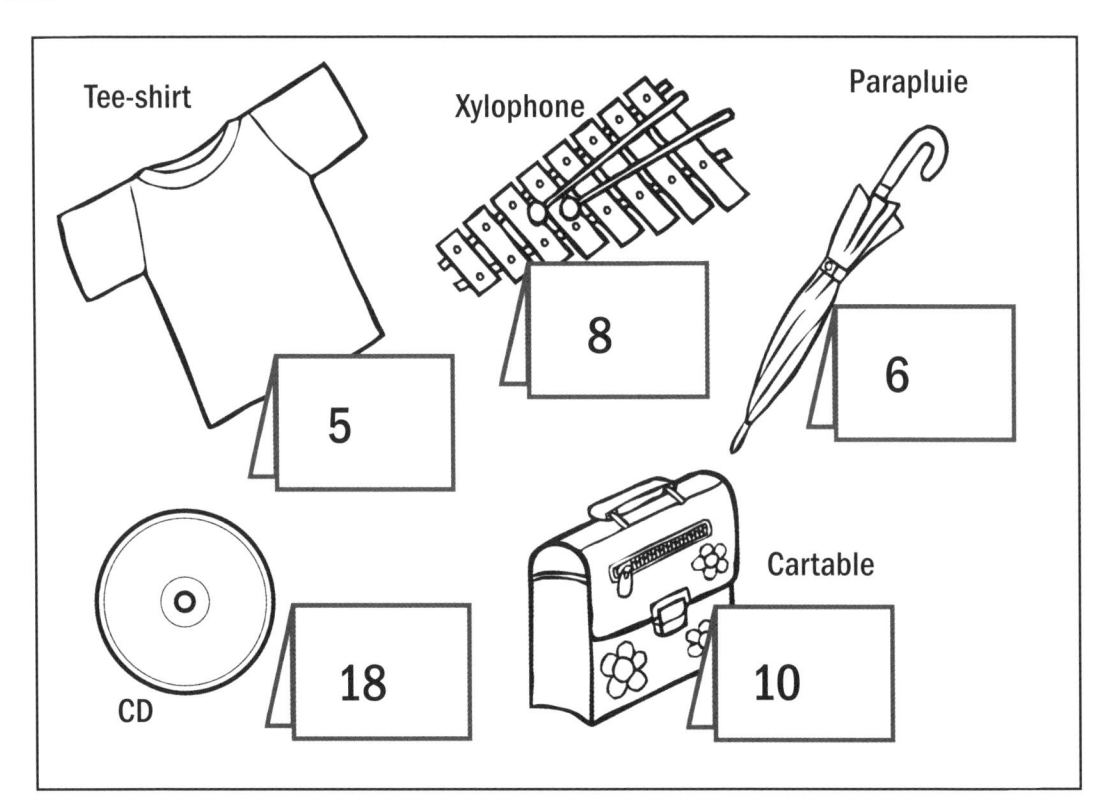

- Tee-shirt : 5
- Xylophone : 8
- Parapluie : 6
- CD : 18
- Cartable : 10

a Mélanie a acheté le xylophone et le parapluie.

Elle a dépensé ☐ euros en tout.

b Julien avait 20 euros. Il a acheté un CD.

Il lui reste ☐ euros.

c Le cartable est moins cher que le CD, de ☐ euros.

d Manuela a dépensé 13 euros.

Elle a acheté le _____ et le _____

202 Révision 8

7 Résolvez ce problème :

Chloé et Marion ont 13 pommes en tout.
Chloé en a 6.
Combien Marion en a-t-elle ?

Marion a ☐ pommes.

8 Résolvez ce problème :

Élodie avait 20 euros.
Il lui en reste 6 après avoir acheté un ours en peluche.
Combien l'a-t-elle payé ?

Élodie a payé l'ours ☐ euros.

9 Résolvez ce problème :

Guillaume a 11 euros.
Il a 3 euros de moins que Tom.
Combien Tom a-t-il d'argent ?

Tom a ☐ euros.

10 Combien y a-t-il d'oranges en tout ?

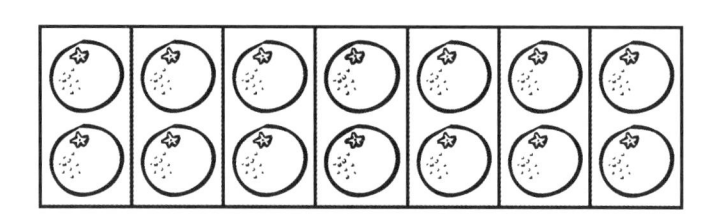

Il y a ☐ oranges en tout.

11 Partagez également 8 ballons entre 2 enfants.

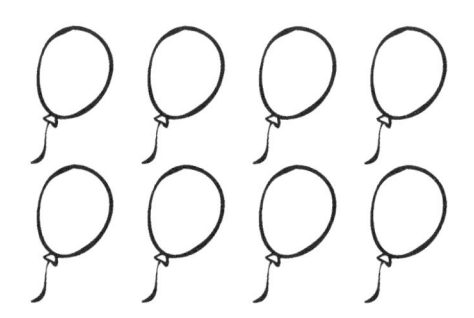

Chaque enfant reçoit ☐ ballons.

12 Entourez par groupes de 6 billes.
Combien y a-t-il de groupes ?

Il y a ☐ groupes.